Die neue Welpenschule

Carsten Bainski

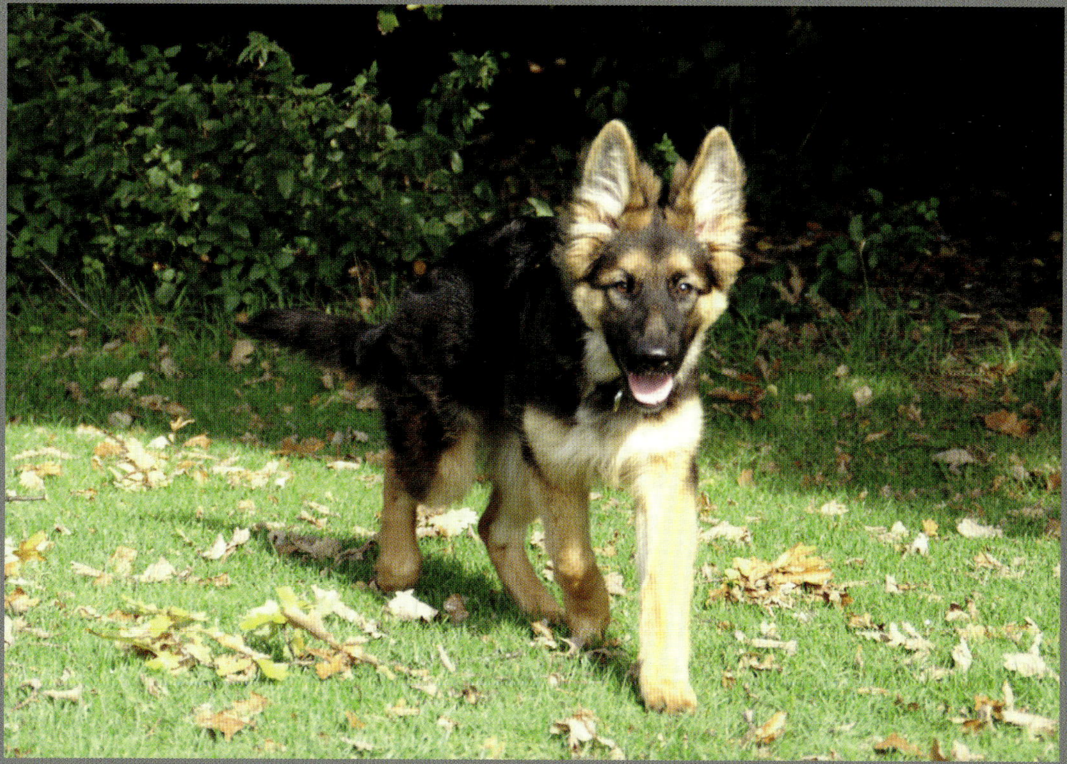

Müller Rüschlikon

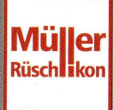

Impressum

Einbandgestaltung: Kornelia Erlewein
Titelbild: Carsten Bainski

Bildnachweis: Maya Aeby: S. 147
Yvonne Jaussi: S. 28/29, 34, 41, 44, 77u., 122
Rosemarie Wild: S. 138, 139

Alle übrigen Fotos stammen von Carsten Bainski.

Die in diesem Buch enthaltenen Hinweise und Ratschläge beruhen auf jahrelang gemachten Erfahrungen und gesammelten Erkenntnissen in praktischer und theoretischer Arbeit mit Hunden. Alle Angaben wurden gründlich geprüft. Eine Haftung des Autors oder des Verlages und seiner Beauftragten für Personen-, Tier-, Sach- und Vermögensschäden ist ausgeschlossen.

Überarbeitete Neuauflage der 2006 unter der ISBN 978-3-275-01576-4 bereits erschienen Erstauflage mit demselben Titel.

ISBN 978-3-275-01794-2

Copyright © 2011 by Müller Rüschlikon Verlag
Postfach 103743, 70032 Stuttgart
Ein Unternehmen der Paul Pietsch Verlage GmbH & Co. KG
Lizenznehmer der Bucheli Verlags AG, Baarerstr. 43, CH-6304 Zug

1. Auflage 2011

Sie finden uns im Internet unter www.mueller-rueschlikon-verlag.de

Lektorat: Claudia König
Innengestaltung: Petra Pawletko
Druck und Bindung: KoKo Produktionsservice, 70900 Ostrava
Printed in Czech Republic

Vorwort

Liebe Leserin, lieber Leser!

Dieses Buch soll Ihnen bei der Anschaffung eines Hundes behilflich sein und vielfältige Hilfestellungen für den richtigen Umgang mit diesen faszinierenden Lebewesen bieten.

Der Kauf eines Hundes (welch eigentlich unpassender Begriff für diesen Vorgang) muss von Ihnen wohl überlegt und in allen Einzelheiten geplant sein, damit Sie dem neuen Familienmitglied gerecht werden können, das sehr hohe Anforderungen an sein soziales Umfeld und an eine artgerechte Haltung stellt. Einen Hund kauft man nicht nebenbei und aus einer Laune heraus, das wäre ihm gegenüber äußerst ungerecht. Die Anschaffung eines Autos planen Sie ja auch sorgfältig. Sie überlegen, welches Fahrzeug am besten Ihren Bedürfnissen gerecht wird, Sie vergleichen Angebote, suchen verschiedene Händler auf und entscheiden sich letztendlich zielgerichtet für dieses oder jenes Fahrzeug.

Mindestens die gleiche Sorgfalt müssen Sie bei der Anschaffung eines Hundes anwenden. Schließlich handelt es sich um ein Lebewesen, das Ihnen bedingungsloses Vertrauen entgegenbringen und ein unendlich treuer Begleiter sein wird, wenn Sie entsprechend vorbereitet sind und dem Hund die Bedingungen für ein harmonisches Zusammenleben schaffen und in der Zukunft auch beibehalten.

Leider stelle ich in meiner Trainerpraxis immer wieder fest, dass viele Hundebesitzer sich ihrer immensen Verantwortung und der damit verbundenen Arbeit bei der artgerechten Haltung und Erziehung eines Hundes zum Zeitpunkt der Anschaffung anscheinend nicht richtig bewusst gewesen sind. Damit unterstelle ich keine bösen Absichten, aber viele Probleme oder Überforderung und Unzufriedenheit der Halter wären nicht entstanden, wenn sie sich im Vorfeld entsprechend informiert hätten. Spitz formuliert, fanden sie anfangs einen Hund einfach nur schick und süß, wussten über Hunde aber letztendlich nicht mehr, als dass sie vier Pfoten, einen Kopf mit sehr gut hörenden Ohren, sowie eine Rute ihr Eigen nennen.

Das Wesen eines Hundes, sein Verhalten und seine Ansprüche an eine artgerechte Haltung und Behandlung war ihnen beim Kauf vollkommen fremd. Zudem haben sie sich ihre Hunde nur nach deren äußeren Erscheinungsbildern ausgesucht, ohne über spezielle Rasseeigenarten informiert gewesen zu sein.
Probleme im Umgang mit dem Hund und eine daraus resultierende Enttäuschung sind die Folge, oft werden die Hunde wieder abgegeben. Wären sich diese Hundebesitzer von vorn herein ihrer Verantwortung und den bevorstehenden Aufgaben bewusst gewesen, hätten sie bei nüchterner Betrachtung auf die Anschaffung eines Hundes besser verzichtet, denn »ausbaden« müssen solche Fehlentscheidungen letzt-

endlich immer die Hunde. Sie können sich ihre Besitzer leider nicht aussuchen.

Auf »klassische Gehorsamsübungen« wie Sitz, Platz, Fuß oder Bleib gehe ich in diesem Buch bewusst nicht ein, da es bereits mannigfache Literatur gibt, die sich ausschließlich mit diesen Themen beschäftigt.

In den meisten Hundebüchern wird aber auf die in diesem Buch dargestellten Fragen zur Anschaffung eines Hundes und den alltäglichen Umgang mit ihm gar nicht oder nur am Rande eingegangen. Zumindest müssen Sie einige

Hundebücher gelesen haben, um die mir für jeden Halter wichtig erscheinenden Informationen parat zu haben.

Eine kompakte Bündelung dieser vielfältigen Informationen, die auch nicht nur in ein oder zwei Unterrichtsstunden in einer Hundeschule vermittelt werden können, ist die Absicht dieses Buches.

Es beschäftigt sich mit den wichtigsten Fragen und Problemen, die an einen Trainer täglich herangetragen werden und soll Ihnen auch zum Nachschlagen dienen, wenn es zum Beispiel um die Bewältigung von Problemen wie dem Anspringen oder Fragen zur Gesundheit Ihres Hundes geht.

Am besten haben Sie dieses Buch also bereits gelesen, bevor der Hund im Haus ist. Dies ist nicht nur im Hinblick auf die Anschaffung wichtig, sondern insbesondere im Hinblick auf den täglichen Umgang und die Kenntnis, was das Wesen eines Hundes ausmacht.

Das erste Kapitel widmet sich daher dem Thema, was ein Hund überhaupt ist. Was bedeutet es, dass ein Wolf im Verband eines Rudels lebt und welche Konsequenzen hat das für unsere Haushunde? Wie ist es überhaupt zur Haustierwerdung des Hundes gekommen? Außerdem wird dargestellt, wie ein Hund sich von der Geburt bis zum Erwachsensein entwickelt, und wie er die Umwelt über seine Sinne wahrnimmt.

Bereits vor der Anschaffung eines Hundes gibt es vieles zu bedenken, vielleicht müssen Sie zum Wohle eines Hundes Ihre bisherigen Lebensgewohnheiten radikal umstellen. Daher geht es im zweiten Kapitel sowohl darum, inwiefern ein Hund Ihr Leben in Bezug auf Urlaubs- oder Freizeitplanung beeinflussen kann (muss), oder was zu bedenken ist, wenn Sie bereits einen Hund im Haushalt haben, und für welchen Hund Sie sich entscheiden sollten. Hier werden Sie auch über die Unterschiede zwischen Rüden und Hündinnen und die jeweiligen Vor- und Nachteile der beiden Geschlechter informiert.

Im dritten und vierten Kapitel wird erläutert, welche Vorbereitungen vor und während des eigentlichen Einzuges in Ihr Heim zu treffen sind, wenn Sie sich letztendlich für einen Hund, insbesondere für einen Welpen, entschieden haben. Sie erhalten an dieser Stelle Informationen über den Abschluss einer Haftpflichtversicherung, das Einrichten eines Löseplatzes, über die Erstausstattung für Ihren Hund und was Welpenschutz eigentlich bedeutet.

Da Ihr Hund so wichtige Dinge wie Stubenreinheit, Alleinebleiben oder zuverlässiges Herankommen so früh wie möglich lernen soll, wird im fünften und sechsten Kapitel erklärt, wie Sie das erreichen können.

Das siebte Kapitel widmet sich dem Thema Hygiene und Gesundheit. Neben sehr vielen nützlichen Informationen und Verhaltensregeln bei gesundheitlichen Problemen werden auch ausführlich die Vor- und Nachteile einer Kastration eines Hundes dargestellt.

Schließlich gehe ich im achten Kapitel auf häufig auftretende Probleme wie Aggressionen am Futternapf, ängstliches Verhalten oder ständiges Ziehen an der Leine ein. Sie erfahren dort, wie Sie solche Probleme in den Griff bekommen, oder noch besser, gar nicht erst entstehen lassen.

Ich hoffe, Ihnen mit diesem Buch einen umfassenden Einblick in das Wesen eines Hundes und seine Bedürfnisse, die letztendlich Sie zu Ihrem und dem Wohl Ihres Hundes erfüllen müssen, geben zu können. Ich wünsche Ihnen daher viel Spaß und Erkenntnis beim Lesen und vor allem natürlich viel Freude mit Ihrem Hund.

DENKEN SIE DARAN!

Wenn Ihr Hund nicht so funktioniert, wie Sie sich das vorstellen, ist fast immer der Mensch schuld und nicht der Hund. Er tut nichts, um Sie zu ärgern, Sie haben es ihm schlicht und einfach nicht besser beigebracht.

1

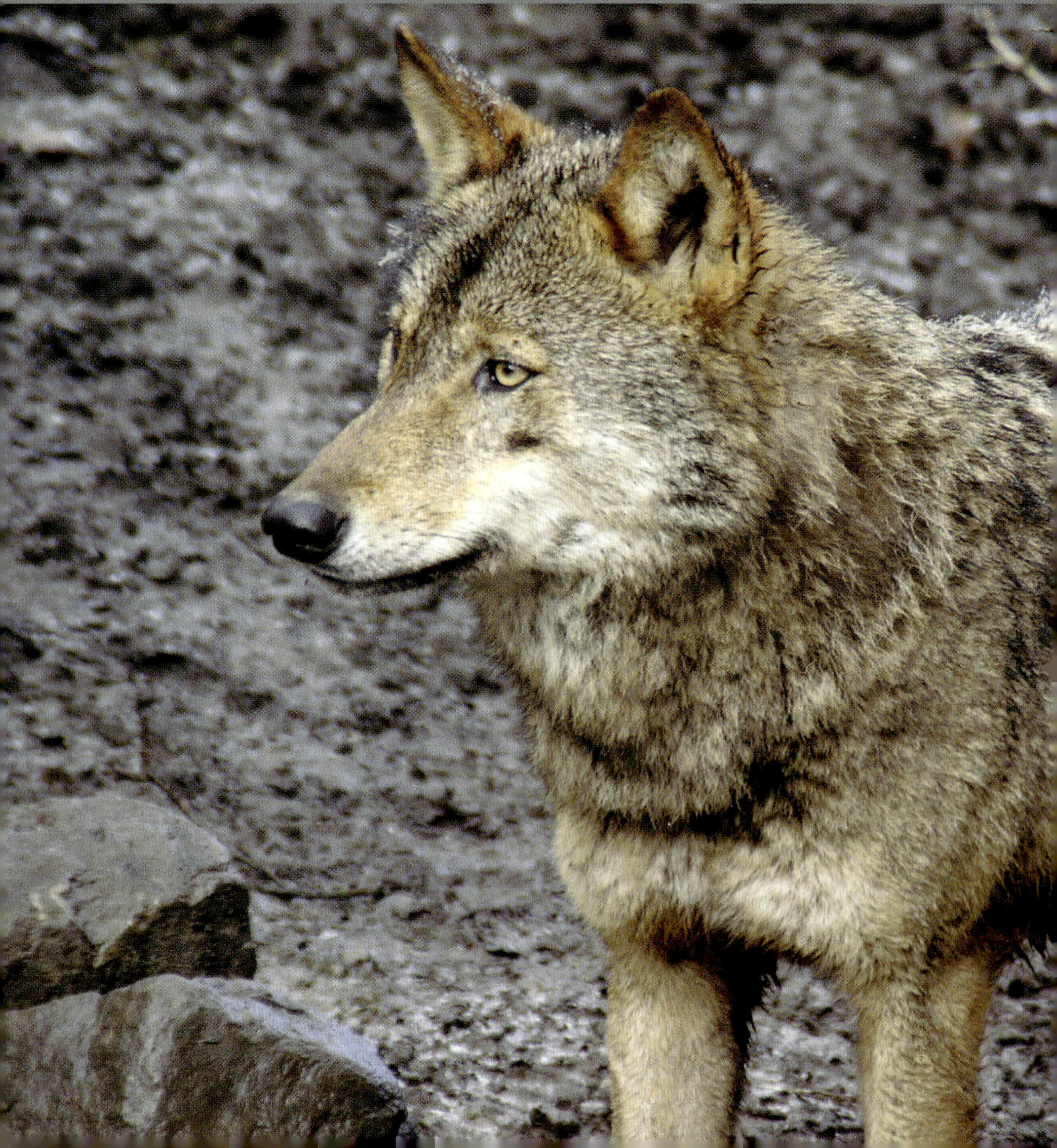

Wissenswertes über das Lebewesen Hund

Das Rudeltier Hund

Das älteste aller Haustiere

Die Entwicklung des Hundes und wie er seine Umwelt erfährt

Konsequentes Handeln als Voraussetzung für erfolgreiches Lernen

Kommunikation und Körpersprache

Das Rudeltier Hund

Die Welt, in der ein Wolf lebt, ist sein Rudel. Dieses Rudel stellt eine der höchsten sozialen Organisationsformen dar, die aus dem Tierreich bekannt sind. Die Größe eines Rudels wird durch die vorhandenen Nahrungsressourcen und die Jahreszeit bestimmt. Die Sommerrudel sind normalerweise kleiner als die Winterrudel und umfassen fünf bis zehn Tiere, manchmal aber auch mehr. Unabhängig von der Größe des Rudels bestehen jeweils getrennte Rangordnungen innerhalb der Geschlechter. Im Frühjahr, wenn die Sommerrudel sich herausbilden, werden diese Rangordnungen in teilweise heftigen Kämpfen ausgefochten, bleiben über den Sommer aber dann stabil.

Der Ausgang der Rangordnungskämpfe wird in erster Linie durch die körperliche Stärke eines Tieres bestimmt. Die Individuen, die ein Rudel anführen, werden als Alpha-Tiere bezeichnet. Dabei sind die Rangordnungskämpfe auf das Nötigste und Unvermeidliche beschränkt, die Beißhemmung sorgt außerdem dafür, dass ernsthafte Verletzungen oder gar die Tötung des Gegners ausbleiben. Das ist sinnvoll, wird doch jedes Rudelmitglied für die Jagd und/oder Welpenaufzucht gebraucht, um den Fortbestand des Rudels zu sichern. Allerdings greift die Beißhemmung nur innerhalb des eigenen Rudels, Mitglieder anderer Rudel werden getötet, wenn ihnen nicht rechtzeitig die Flucht gelingt. Sind die Alphatiere gefunden, bleibt ein fest gefügter Kern eines Rudels oft über Jahre hinweg zusammen.

Wenn im Herbst die Jungtiere selbstständig, das Wetter schlecht und die Nahrung knapp werden, schließen sich mehrere Sommerrudel zu einem großen Winterrudel zusammen. Im Gegensatz zu den Sommerrudeln finden hier nicht die gleichen Rangordnungskämpfe statt und die Feindseligkeit zwischen den einzelnen Rudeln erlischt. Entsprechend der Jahreszeit erscheint es zweckmäßiger, sich in einem Großrudel »zu arrangieren«. Erst im Frühjahr beginnen erneut Rangordnungskämpfe. Die genauen Mechanismen und Ursachen der Bildung von Winterrudeln und deren Auflösung im Frühjahr sind bisher weitgehend unbekannt.

Die Rudelbildung bei Wölfen erklärt sich durch die bevorzugten Beutetiere, diese sind nämlich oftmals viel größer und schwerer als ein Wolf (Elche, Hirsche, Rentiere). Einem einzelnen Wolf wäre es nahezu unmöglich, ein Tier dieser Größe zur Strecke zu bringen, die Jagd als Rudel macht es aber möglich. Dazu wird ein Beutetier vom Herdenverband getrennt und so lange gehetzt, bis seine Kräfte nachlassen. Dabei teilen sich die Wölfe die Arbeit. Ist der bei der Jagd führende Wolf am Ende seiner Kräfte, übernimmt ein Wolf, der sich bisher zurückgehalten hat, die Führungsarbeit. Häufig treiben sich verschiedene Gruppen eines Rudels die Beute gegenseitig zu. Am Ende der Jagd wird das erlahmte Beutetier gemeinsam angesprungen und es wird versucht, es durch einen Kehlbiss zu töten.

Durch dieses Jagdverhalten können auch sehr große Beutetiere zur Strecke gebracht werden. Da es sich vielfach um kranke und alte Tiere handelt, trägt der Wolf somit zur Gesunderhaltung seiner Beutetiere bei.

Unsere Haushunde sind wie die Wölfe Meutetiere, die in diesem sozialen Verband, dem Rudel, leben. Der Unterschied zum Wolf besteht darin, dass unsere Hunde normalerweise nicht dauerhaft in einem Hunderudel leben, sondern sich als Ersatz dem Menschen anschließen. Da Hunde (wie Wölfe) sehr anpassungsfähig sind, stellt für sie das Leben in diesem »gemischten« Rudel kein Problem dar, wenn der Mensch sie an diesem Rudelleben auch teilhaben lässt und sie einen festen Platz in diesem sozialen Gefüge haben. Probleme treten nur dann auf, wenn der Mensch nicht in der Lage oder gewillt ist, einem Hund den sozialen Kontakt zum Rudel zu ermöglichen (dauerhafte Zwingerhaltung ohne Familienanschluss), und/oder ihm nicht einen festen Platz im Rudel zuweist.

In Bezug auf die Stellung in unserem Rudel kann das nur bedeuten, dass der Hund den niedrigsten Rang einzunehmen hat. Das bedeutet allerdings nicht, sich despotisch, aggressiv und gewalttätig dem Hund gegenüber zu verhalten, sondern vielmehr, ihm konsequent, aber bestimmt, seine Grenzen aufzuzeigen und durch gerechtes und für den Hund kalkulierbares Handeln sein Vertrauen zu gewinnen. Kaum ein Hund wird als Alpha-Hund geboren, deswegen wird er sich gerne in seine »untergeordnete« Rolle fügen und uns unsere Anführerschaft nicht streitig machen, solange er sich auf uns als Rudelführer verlassen kann.

Dominanzprobleme treten dann auf, wenn der Hund der Auffassung ist, dass im sozialen Gefüge etwas nicht stimmt, die Rangordnung in seinen Augen nicht eindeutig geklärt ist. Um ein soziales Gefüge herzustellen, bleibt ihm nichts anderes übrig, als zu versuchen, eine Ordnung herbeizuführen. Widerstrebend versucht dann der Hund die Führung im Rudel zu übernehmen, weil ansonsten keiner dazu in der Lage zu sein scheint. Ein vollkommen normales Verhalten, für das letztendlich der Mensch verantwortlich ist.

Der Auslöser für Dominanzprobleme ist immer unser Verhalten dem Hund gegenüber. Viele Menschen sehen in einem Hund nicht das, was er in Wirklichkeit ist: Ein Hund ist ein Hund. Nicht mehr, aber auch nicht weniger. Das Wesen eines Hundes ist ein ganz anderes als das des Menschen, trotzdem werden viele Hunde durch ihre Halter (unbewusst) vermenschlicht. Unsere Moralvorstellungen werden in vielfacher Weise auch auf den Hund übertragen, mit der Folge, dass Ungehorsam durch Sturheit, Dickköpfigkeit oder eben Dominanz erklärt wird. Es wird sich nicht die Mühe gemacht, das Wesen und Verhalten eines Hundes verstehen zu lernen

und Verhaltensweisen richtig einzuschätzen. Unsere falschen Reaktionen wirken auf den Hund ungerecht und unverständlich. Zwangsläufig führt das zu Missverständnissen in der Beziehung zwischen Hund und Halter, die nicht auftreten würden, wenn sich vielmehr der Mensch »verhundlichen« würde. Das bedeutet, die Welt aus Sicht seines Hundes zu betrachten und sich dem Hund gegenüber so zu verhalten, dass er verstehen kann, was wir von ihm erwarten. Das ist eigentlich nicht besonders schwer, wenn man sich des hündischen Verhaltens bewusst ist und sich im Umgang an bestimmte Regeln hält und richtig mit dem Hund kommuniziert.

Wird dem Hund durch artgerechte Haltung, viel Beschäftigung und konsequente Erziehung die Möglichkeit gegeben, einen festen Platz in unserer Familie einzunehmen, kann er uns voller Vertrauen folgen und wird immer ein treuer Begleiter sein. Diese Treue ist es, die wir an unseren Hunden in der heutigen Gesellschaft wohl am meisten schätzen und für die wir unseren Vorfahren, die sich um die Domestikation des Wolfes bemüht haben, noch heute dankbar sein können.

Das älteste aller Haustiere

Stand der Wissenschaft ist, dass der Hund vom Wolf abstammt. Diese Erkenntnis entstand durch genetische, ethologische und anatomische Untersuchungen, die keinen anderen Schluss zulassen. Dass unsere Hunde vom Wolf abstammen, klingt zwar nicht neu, aber noch am Anfang des 20. Jahrhunderts ging man davon aus, dass Hunde von mehreren verschiedenen Wildtierarten oder deren Kreuzungen abstammen. Man hatte Hunde ihrem Aussehen nach in fünf Gruppen gegliedert und jeweils einer anderen Wildtierart zugeteilt. Selbst Mitte der siebziger Jahre ist unter anderem auch

Konrad Lorenz noch davon ausgegangen, dass zumindest einige Hunde vom Goldschakal abstammen würden.

Zoologisch gehören Hunde zu den Säugetieren und innerhalb dieser Gruppe zu der Familie der Landraubtiere, zu denen auch Bären, Marder, Katzen- und Hundeartige (Caniden) gehören. Innerhalb der Caniden gibt es die Gattung Canis, zu der die Wölfe, Schakale und Kojoten gehören. Da eben auch Schakale und Kojoten zur Gattung Canis zählen, war der Gedanke nicht so abwegig, dass unsere Hunde eben auch von diesen Wildtierarten abstammen könnten.

Aus diesem Trio schied zuerst der Kojote aus, da sein Sozialverhalten allgemein sowie insbesondere sein Paarungsverhalten sich sehr von dem unseres Haushundes unterschied und er daher nicht als deren Stammvater in Frage kam. Dazu kam die Tatsache, dass der Wolf für den Kojoten einen sehr gefährlichen Feind darstellt, so dass eine Kreuzung zwischen diesen Arten wenig wahrscheinlich schien.

Der Wolf ist der Urahn aller Haushunde (hier Iberischer Wolf, canis lupus signatus).

Goldschakal und Wolf aber boten sich hinsichtlich ihrer biologischen Daten weiterhin als Stammväter der Haushunde an und wurden lange Zeit gemeinsam als Vorfahren der Rassehunde anerkannt. Man unterschied Hunde in »wolfsblütige« und »schakalsblütige«, je nachdem, ob man mehr Merkmale eines Wolfes oder eines Schakals zu erkennen glaubte.

Bei der Erforschung anderer Haustiere hatten Wissenschaftler jedoch herausgefunden, dass diese auf jeweils nur eine einzige Wildtierart zurückzuführen waren, und es stellte sich die Frage, warum das ausgerechnet beim Haushund anders sein sollte. Bei allen anderen Haustieren hatte man erforscht, dass das relative Gehirngewicht jeweils geringer ist, als das der dazu gehörenden Wildtierart. Dies ist die Folge der optimalen Anpassung an die Lebensbedingungen im menschlichen Hausstand, die eine Vielzahl der Eigenschaften und Fähigkeiten eines Wildtieres entbehrlich machen. Da jeder Haushund ein relativ höheres Gehirngewicht als ein Goldschakal hat, schied auch dieser letztendlich als Stammvater des Haushundes aus. Seitdem gilt es als wissenschaftlich gesichert, dass unsere Hunde ausschließlich vom Wolf abstammen. Das macht auch der wissenschaftliche Name deutlich; Wolf = canis lupus lupus; Hund = canis lupus familiaris (Kojote = canis latrans; Goldschakal = canis aureus).

Dabei ist es die Bezeichnung »lupus«, an der man die Abstammung des Hundes vom Wolf erkennen kann.

Wissenschaftlich unumstritten ist, dass der Hund das älteste Haustier des Menschen ist. Dabei wird derzeit mehrheitlich davon ausgegangen, dass die Haustierwerdung/Domestikation vor ca. 15.000 Jahren begonnen hat. Dieser Zeitraum wird durch Knochenfunde belegt, die bei Ansiedlungen von Menschen gefunden worden sind, so zum Beispiel ein Unterkieferknochenfund in Oberkassel bei Bonn, datiert auf 14.000 Jahre.

Domestikation bedeutet, ein Lebewesen genetisch zu verändern und nicht, es zu zähmen. Das Zähmen eines »wilden« Tieres hat nur Einfluss auf das Verhalten des gezähmten Individuums, aber nicht auf dessen Nachkommen, weil sich seine Erbanlagen nicht verändert haben. Die Nachkommen des gezähmten Tieres müssten jeweils auch wieder gezähmt werden.

Dass wir (Gott sei Dank) unsere Hunde nicht erst zähmen müssen, liegt an dem Domestikationsprozess vom Wolf bis zum Haustier Hund, der sich über mehrere tausend Jahre hingezogen hat. Dabei hat der Mensch in die »natürliche Selektion« des Wildtieres Wolf eingegriffen und so zunehmend das Aussehen, das Verhalten, die Sozialstruktur und auch die Fortpflanzungsverhältnisse verändert. Dies geschah ausgerichtet an den Bedürfnissen des Menschen, je nachdem, welche Eigenschaften er besonders schätzte und ihm nützlich gewesen sind. Unter natürlichen Bedingungen hätten sich die durch künstliche Selektion hervorgerufenen Veränderungen nicht durchgesetzt.

Bis heute gibt es bereits über 400 verschiedene Hunderassen und es kommen immer noch weitere dazu. Allen Rassen aber ist gemein, dass der Wolf ihr Stammvater ist, auch wenn sich das Verhalten unserer Hunde von dem der Wölfe bei genauer Betrachtung vielfach unterscheidet. Daher kann das Verhalten von Wölfen und deren Kommunikation untereinander auch nicht eins zu eins auf das Hundeverhalten übertragen werden. Es kann lediglich dazu dienen, hündisches Verhalten zu verstehen, wenngleich einige Verhaltensweisen der Wölfe auch bei Hunden als wölfisches Erbe, zum Teil aber sehr abgeschwächt, noch vorhanden sind. So ist die Kommunikation in Bezug auf Mimik und Gestik zwischen Wölfen ausgeprägter und differenzierter, als dass bei den Hunden der Fall ist. Für einen Hund ist Mimik und Gestik nicht mehr so wichtig wie für den Wolf, als Haustier sorgt der Mensch für sein Überleben und er ist es auch, mit dem der Hund vornehmlich kommuniziert.

Er wurde für die Jagd (Apportieren) gezüchtet: Labrador Retriever, sechs Wochen alt.

Im Laufe der Zucht hat der Mensch leider auch massiv in das Aussehen der Hunde eingegriffen, was zum Teil erhebliche Folgen hat. Nicht nur gesundheitliche Probleme wie zum Beispiel der sehr stark abfallende Rücken beim Deutschen Schäferhund, der dadurch häufig an Verformungen der Hüftgelenke und der Wirbelsäule leidet, sind durch Zucht entstanden, sondern auch Probleme in der Kommunikation zwischen Hunden. Sehr wichtige Informationen über ihren Gemütszustand senden Hunde über die Haltung ihrer Ohren und Ruten aus. Bei einigen Rassen gehörte es aber zum Rassestandard, eben diese zu kupieren. Damit war es für Hunde betroffener Rassen fast unmöglich, auf normaler

Art und Weise mit Artgenossen zu kommunizieren. Das führte vielfach zu Missverständnissen und in der Folge zu Keilereien zwischen Hunden. Ein Dobermann mit kupierten Ohren und Rute kann seinem Gegenüber nur schwer mitteilen, wie er gerade »drauf« ist. Auch ein Boxer wird mit seinem kurz gezüchteten Fang oft missverstanden. Die dadurch entstandene Kräuselung auf der Nase bedeutet in der Hundesprache eine Bedrohung. Hunde, die keine positiven Erfahrungen mit Boxern haben, können auf diese »bedrohliche Geste« ihrerseits mit Aggression reagieren.

Bei der Betrachtung mancher Rassen kann man sich tatsächlich nur wundern, welche Blüten die Hundezucht mitunter getrieben hat, wenigstens wurde das Kupieren der Hunde in Deutschland, der Schweiz und vielen andern europäischen Ländern mittlerweile generell verboten.

Wie der Hund zum Haustier wurde, ist noch nicht abschließend geklärt und wird wohl auch nie geklärt werden, da es damals keiner aufgezeichnet hat.

Einige gehen davon aus, dass sich Wölfe anfangs mehr und mehr mit den Menschen »angefreundet« haben, da die Abfälle in der Nähe der menschlichen Siedlungen auch als Nahrung für sie gedient haben. Die Anwesenheit der Wölfe wurde toleriert und gefördert, da sie durch ihr Verhalten auf Gefahren für den Menschen aufmerksam machen konnten. In der Folge hat man dann besonders zutrauliche Exemplare in den Siedlungen behalten und diese vermehrt.

Eine andere Theorie besagt, dass Wolfswelpen von den Menschen groß gezogen worden sind und diese dann bei diesem »Rudel« verblieben sind. Menschen und Wölfe passen von ihrer Sozialordnung sehr gut zueinander, sie sind gesellig und haben (vor allem die Wölfe) ein ausgeprägtes Rangordnungsdenken.

Wie dem auch sei, in der weiteren Entwicklung wird der Mensch nützliche Fähigkeiten der Hunde entdeckt haben, zum Beispiel das Verteidigen des eigenen Territoriums. Das Eindringen von Fremden/Feinden wurde durch Bellen angekündigt, weshalb sicherlich Tiere mit besonders ausgeprägtem Lautäußerungsverhalten gezüchtet wurden. Das ist wohl der Grund, warum unsere Hunde bellen, Wölfe jedoch lediglich jaulen und heulen. Bellen wird beim Wolf nur sehr sparsam eingesetzt, nämlich als Warnlaut und im Kampf.

Irgendwann hat man zur Weiterzucht dann nur die Tiere ausgewählt, die durch den Menschen beherrschbar waren, was langfristig nach sich zog, dass sie sich leichter in soziale Systeme einfügten, als ihre Stammväter. Man konnte sie erziehen und sich weitere Fähigkeiten zu Nutze machen; sie zum Beispiel bei der Jagd einzusetzen, oder zur Bewachung des Lagers.

Durch die weitere gezielte Zucht und Selektion sind dann die uns heute bekannten Haushunderassen mit ihren vielfältigen Unterschieden in Aussehen, Größe und den jeweiligen Aufgaben entstanden.

Die Entwicklung des Hundes und wie er seine Umwelt erfährt

Wie beim Menschen und anderen Tieren gibt es auch beim Hund verschiedene Entwicklungsphasen. Dabei gibt es innerhalb der verschiedenen Rassen bis zur ca. 20. Lebenswoche keine, oder nur sehr geringe Unterschiede, was deren Entwicklung angeht. Bis zu diesem Zeitpunkt verläuft die Entwicklung eines Jack-Russel-Terriers identisch mit der einer Deutschen Dogge. Erst danach treten Unterschiede auf in der Form, dass bei kleinen Rassen die weiteren Entwicklungsphasen kürzer andauern, sie also schneller »erwachsen« werden als die Vertreter größerer Rassen.

Labradormischlingshündin mit wenige Tage alten Welpen.

Unabhängig von der Rasse ist für die gesamte Entwicklung des Hundes das erste Lebensjahr entscheidend. Hier wird der Grundstein für sein späteres Verhalten gelegt. In dieser Zeit sollte der Halter also möglichst vieles bei der Haltung und vor allem auch der Erziehung des Hundes richtig machen – alles richtig zu machen, halte ich für fast unmöglich.

Eine besondere Stellung innerhalb des ersten Jahres nehmen die ersten 16 Lebenswochen ein, da hier die Gewöhnung des Hundes an seine Umwelt (Prägung und Sozialisierung) erfolgt. Dies ist die wichtigste Phase überhaupt im Leben Ihres Hundes. Ein gewissenhafter und verantwortungsvoller Züchter wird in den ersten acht Wochen bis zur Abgabe (in der Schweiz zehn Wo-

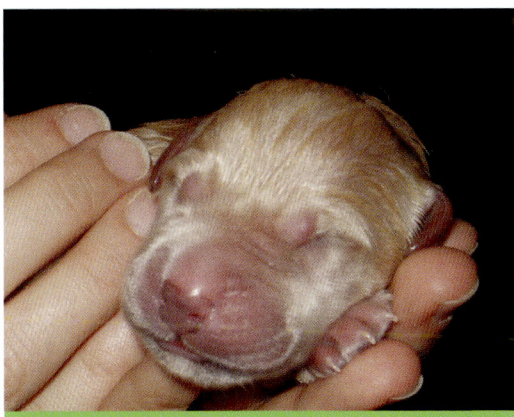

Ein zehn Minuten alter Labrador Retriever.

Ein wenige Tage alter Golden-Retriever-Wurf.

ENTWICKLUNGSPHASEN DES HUNDES

1. bis 2. Woche	= Geburtsphase	Neugeborene sind blind und taub
2. bis 3. Woche	= Übergangsphase	Augen öffnen und erstmals hören
4. bis 7. Woche	= Prägephase	Gewöhnung, Charakterprägung, Bewegungen
8. bis 12. Woche	= Angstphase	Verteidigung, Sozialisierung, Überreaktionen
12. bis 20. Woche	= Ordnungsphase	Rangordnung, Gruppenverhalten
4. bis 6. Monat	= Kauphase	Schuhe werden zerkaut
5. bis 9. Monat	= Rudelphase	Rudelordnungskämpfe
6. bis 18. Monat	= Pubertätsphase	sexuell aktiv, Rudelordnungskämpfe werden teilweise intensiviert, erlernte Kommandos werden für den Halter unverständlicher Weise nur widerwillig oder gar nicht befolgt

chen), die Welpen vor allem auf andere Personen jeglichen Alters geprägt und sie auch schon verschiedenen Umweltreizen ausgesetzt haben. Kommt dann der Welpe zu Ihnen, müssen Sie den Hund weiterhin intensiv mit seiner Umwelt vertraut machen. Je mehr der junge Hund anfangs noch unbekannten Reizen ausgesetzt wird und positive Erfahrungen mit ihnen verknüpft, desto ruhiger und gelassener wird Ihr (erwachsener) Hund später auf solche Reize reagieren.

Folgende Reize wirken auf einen Hund ein:

> Olfaktorische Reize: riechen, schmecken
> Akustische Reize: alles, was der Hund hört
> Visuelle Reize: alles, was der Hund sieht
> Taktile Reize: tasten, berühren, streicheln, verschiedene Untergründe (Rasen, Steine, etc.)

Nova Scotia Duck Tolling Retriever »Cooper« im Alter von acht Wochen,

… mit 16 Wochen,

… mit zwei Jahren.

Diese Reize werden durch den Hund über seinen Geruchs-, Geschmacks-, Hör-, Seh-, Tast-, und Schmerzsinn aufgenommen.

Der für den Hund wichtigste Sinn, um seine Umwelt zu erfahren, ist der Geruchssinn. Dieser ist beim Hund erheblich besser entwickelt, als beim Menschen. Im Durchschnitt haben Hunde 200 Millionen Riechzellen, der Mensch hat gerade einmal fünf Millionen. Eine Hundenase ist je nachdem, welche Substanz sie erschnüffeln soll, tausend- bis hundertmillionenmal empfindlicher als die Menschennase. Lebewesen, die sich in Windrichtung befinden, kann ein Hund über mehrere hundert Meter Entfernung wahrnehmen. Außerdem können Hunde Gerüche filtern, sie in einzelne Bestandteile zerlegen. Deshalb kann ein Drogenspürhund auch Heroin, das in stark riechendem Fisch versteckt ist, aufspüren.

Der tägliche Spaziergang ist für den Hund daher so ähnlich wie Zeitung lesen bei uns, er sammelt dabei vielfältigste Informationen: Welcher Hund war vor kurzem hier unterwegs, wie lange ist das her, wie alt ist er, war es ein Rüde, war es eine Hündin und wird sie demnächst läufig? All das und noch mehr sagen ihm die Duftmarken, die andere Hunde hinterlassen haben.

Auch die Hörleistung von Hunden ist denen des Menschen weit überlegen. Sie können viermal leisere Töne wahrnehmen, als das menschliche Ohr dies vermag. Daran müssen Sie denken, wenn Sie (unnötigerweise) Ihren Hund anschreien sollten. Ein Hund kann auch Töne im Ultra- und Infraschallbereich hören, also erheblich höhere und tiefere Töne wahrnehmen, als wir. Wie bei den Gerüchen, können Hunde auch verschiedene Schallquellen hervorragend unterscheiden, sie sind Meister der akustischen Ortung. Zwei Schallquellen, die in einer Entfernung von fünf Metern vor ihnen platziert sind, nehmen Hunde auch dann noch wahr, wenn sie nur 15 Zentimeter voneinander entfernt sind. So können Hunde zum Beispiel Mäuse auch unter einer Schneeschicht zielsicher orten und erbeuten.

Bezüglich des räumlichen Sehens, also der Abschätzung von Entfernungen, ist das menschliche Auge dem des Hundes überlegen. Auf Grund des größeren Sichtfeldes gegenüber dem des Menschen (bis zu 270° bei langschnäuzigen Rassen, beim Menschen mit frontalem Gesichtsfeld 180°) hat der Hund eine geringere Tiefenschärfe beim Sehen.

Aber schon bei der Wahrnehmung von Bewegungen ziehen wir wieder den Kürzeren, denn Bewegungen erkennen Hunde zehn Mal besser als wir. Sie sind Bewegungsseher, die auf erhebliche Distanzen (ca. 500–700 Meter lang) auch kleine Bewegungen erkennen können. Stehen Sie hingegen nur wenige Meter regungslos von Ihrem Hund entfernt, ohne dass er das durch Ihren Geruch oder Identifizieren der Stimme oder Ihrer Bewegungen schon weiß, wird er Sie nicht erkennen können.

In einer gut geführten Welpengruppe (siehe auch unter Welpenspielstunde/Hundeschule, Seite 60) werden vielfältige Übungen gemacht und Situationen geschaffen, in denen Ihr Welpe mit verschiedenen Reizen konfrontiert und seine Sinne somit angeregt werden.

Natürlich erfolgt hier auch die Begegnung mit anderen Welpen, wodurch soziales Verhalten gegenüber Artgenossen eingeübt wird.

Werden in diesen ersten 16 Wochen grundlegende Fehler bei der Prägung und Sozialisierung gemacht, sind Verhaltensfehler und -auffälligkeiten vorprogrammiert. Diese im Nachhinein zu korrigieren ist sehr schwierig, teilweise unmöglich, weil dieser enorm wichtige Lebensabschnitt der Prägung und Sozialisierung abgeschlossen ist. Ab der 17. Woche gilt deshalb ein Hund nicht mehr als Welpe, sondern als Junghund. (Manche Hundebesitzer erzählen von ihrem sechs, sieben, acht Monate alten Welpen – Ihnen passiert dieser Fehler ab jetzt sicher nicht mehr.)

Konsequentes Handeln als Voraussetzung für erfolgreiches Lernen

Konsequentes Handeln ist ein sehr wichtiger Aspekt im Umgang mit Hunden. Als Hundehalter konsequent zu handeln bedeutet, dass Sie auf bestimmte Verhaltensweisen des Hundes immer gleich reagieren müssen. Das ist eine wichtige Voraussetzung, damit Ihr Hund lernt, was Sie von ihm erwarten und wie er sich verhalten soll.

Soll Ihr Hund nicht am Tisch betteln, darf er auch nie etwas vom Tisch bekommen. Geben Sie ihm ab und zu ein Stück Wurst oder Käse, wird er ständig betteln in der Hoffnung, wieder etwas vom Tisch zu bekommen. Vor allem wird er dieses Verhalten nicht unterlassen, nur weil Ihre Verwandtschaft zu Besuch ist und er sich doch eigentlich »benehmen« soll. Durch Ihr inkonsequentes Handeln hat der Hund bereits gelernt, dass Betteln am Tisch irgendwann zum Erfolg führt und versucht dies (konsequenter Weise)

auch, wenn Ihre Verwandtschaft zu Besuch ist. Gleiches gilt für das Anspringen. Wenn Sie ihm grundsätzlich das Anspringen gestatten, dürfen Sie sich nicht wundern oder den Hund sogar dafür bestrafen, dass er Sie auch dann anspringt, wenn Sie in Abendgarderobe vor ihm stehen. Für Ihren Hund gibt es keinen Unterschied zwischen Alltags- und Festkleidung. Konsequenz im Umgang mit dem Hund beeinflusst maßgeblich den Lernerfolg. Wenn Sie das eine Mal ein Verhalten dulden oder fördern, ein anderes Mal Ihren Hund für das gleiche Verhalten bestrafen, verunsichern Sie den Hund und machen erfolgreiches Lernen fast unmöglich. Ein Hund kann aus seinem Verhalten nur dann etwas lernen, wenn er weiß, woran er ist. Bekommt er nie etwas vom Tisch, lernt er unweigerlich, dass Betteln sich nicht lohnt und er hört damit auf. Legt er sich stattdessen auf seine Decke und wird dann für dieses Verhalten von Ihnen belohnt, lernt er, dass es sich viel eher lohnt, während Ihrer Mahlzeiten auf der Decke zu warten.

Um Lernerfolge zu erzielen, muss der Hund sich auf Ihr Handeln verlassen und Ihnen vertrauen können. Sie müssen also in den Augen des Hundes logisch und eben konsequent handeln.

Das Kauen an Schuhen sollte konsequent unterbunden werden.

»Sitz« ist meistens das Erste, was einem Welpen beigebracht wird.

Gerade junge Hunde lernen rasend schnell, daher muss man diese Zeit nutzen, um mit seinem Hund zu trainieren. Übt man konsequent, ohne den Hund jedoch zu überfordern, stellen sich sehr schnell Erfolge ein. Das ist andererseits allerdings oft auch ein Problem, weil viele Besitzer nach der Belegung eines Gehorsamskurses in einer Hundeschule oder einem Hundeverein dann dem trügerischen Anschein unterliegen, dass doch alles toll klappt und der Hund eigentlich schon alles kann. Meistens wird dann – wenn überhaupt – nicht mehr mit der gleichen Intensität weitergeübt. Das führt unweigerlich dazu, dass ein Hund bereits Erlerntes wieder vergisst. Dann kommt noch die für den Hund schwierige Pubertätsphase hinzu, in der man zeitweise seinen eigenen Hund nicht wieder zu erkennen vermag, und das Chaos ist perfekt.

Wichtig ist es zu begreifen, dass ein Hund sein ganzes Leben lang lernt. Die Frage dabei ist nur, was er lernt, denn der Hund ist ein purer Egoist. Wer meint, sein Hund macht Sitz oder Platz, damit wir ihm wohl gesonnen sind, der irrt. Auch will der Hund uns keinen Gefallen tun, weil er uns nett findet, solche Gemütsregungen sind von der Natur nicht vorgesehen. Der Hund führt deswegen unsere Kommandos aus, weil er gelernt hat, dass sich das für ihn lohnt. Und er lernt hoffentlich durch positive Erfahrungen (Belohnungen), dass ein Sitz sich für ihn lohnt. Zwar kann ich einen Hund auch mit einer Holzlatte ins Sitz »prügeln«, aber dann macht er das Sitz nur, um dem Schmerz aus dem Weg zu gehen. Das sollte der Hund auf keinen Fall unter »etwas lohnt sich für ihn« verstehen.

Lenken Sie Ihren Hund nicht durch gezieltes, konsequentes, liebevolles und dauerhaftes Training in die gewünschten Bahnen, lernt er andere Dinge, er bringt sie sich selber bei. Und das sind oftmals solche, die Sie wenig beglücken werden. Die Einsicht, dass man selbst für unerwünschtes Verhalten seines Hundes die Verantwortung trägt, kommt oft sehr spät, manchmal leider gar nicht. Zu oft wird der Hund dann abgegeben, weil man nicht mehr mit ihm fertig wird. Gott sei Dank finden viele aber auch den Weg zurück zu kompetenter Hilfe. Unerwünschtes Verhalten später wieder zu ändern, ist jedoch ungleich schwieriger, als dem Hund stetig erwünschtes Verhalten beizubringen.

Deshalb ist es so wichtig, im ersten Lebensjahr und gerade auch während der Pubertätsphase, mit dem Hund konsequent zu trainieren. Hier wird der Grundstein für den Rest seines Lebens gelegt, und dabei sollten Sie sich schon sehr viel Mühe geben. Der Rest des Hundelebens, und das sind vielleicht noch 12 bis 15 Jahre, gestaltet sich für Sie dann erheblich einfacher. Im Übrigen festigt regelmäßiges Training die Bindung zwischen Ihnen und Ihrem Hund. Sie bleiben für ihn interessant (siehe auch unter »Richtiges Spielen«, Seite 102f) und er ist nicht gezwungen, sich selber zu beschäftigen.

Mit Abschluss der Welpenphase sollte daher ernsthaft mit dem (Gehorsams-) Training des Hundes begonnen werden, auch wenn wichtige Dinge wie Sitz, Platz und nicht an der Leine zu ziehen (siehe auch unter »An der Leine ziehen«, Seite 153f), durchaus schon eingeübt sein sollten. Da mit zunehmendem Alter die Konzentrationsfähigkeit des Hundes zunimmt, beginnt man nun, intensiver mit dem Hund zu trainieren. Dazu gehören Übungen, wie das korrekte »Fuß« oder das »Bleib« (Entfernen vom sitzenden oder liegenden Hund ohne dass dieser seinen Platz verlässt).

Kommunikation und Körpersprache

Hunde jaulen, winseln, knurren und bellen. Diese Lautäußerungen sind für die Kommunikation eines Hundes allerdings eher von untergeordneter Bedeutung. Natürlich teilen Hunde auch hierüber »Stimmungen« mit, z.B. freudiges Bellen beim Spielen oder ärgerliches Knurren als Warnung. Weit über 90 % kommunizieren Hunde aber über ihre Körpersprache, also nonverbal. Wenn der Hund nicht gerade schläft, sendet er durch seine Körperhaltung und sein Verhalten eigentlich ständig Signale an seine Umwelt aus, um seinem Gegenüber mitzuteilen, in welcher Stimmung er sich gerade befindet. Der Hund kann gar nicht anders, die verschiedenen Verhaltensweisen sind angeboren. Die unterschiedlichen Signale zu kennen und

richtig zu deuten, ist für einen Hundebesitzer von entscheidender Bedeutung, um in entsprechenden Situationen für den Hund verständlich handeln zu können.

Leider setzen sich viel zu wenige Halter mit diesem Thema auseinander. Bei manchen beschränkt sich das Wissen um die Körpersprache eines Hundes auf die Tatsache, dass Hunde die sich freuen, mit der Rute wedeln. Dass ein wedelnder Hund aber nicht unbedingt »Freude« empfinden muss und das Wedeln auch in anderen Situationen eingesetzt wird, wissen die meisten dann schon nicht mehr.

In der Folge entstehen dann tatsächlich regelrechte Kommunikationsprobleme zwischen Hund und Halter, weil sie sich gegenseitig »nicht verstehen«.

Folgendes Beispiel ist hierfür typisch:

Sie ärgern sich über Ihren Hund, weil er nicht sofort nach Ihrem Rufen zu Ihnen gekommen ist. Mit in die Hüfte gestemmten Armen, grimmigem Gesichtsausdruck und ärgerlich rufend stehen Sie da und warten. Ihr Hund erkennt an Ihrer gesamten Körperhaltung dass Sie sauer sind und reagiert entsprechend. Er kommt in geduckter Körperhaltung und mit angelegten Ohren auf Sie zu. Aus seiner Sicht versucht er Sie zu beschwichtigen, damit Ihr Ärger wieder verfliegt. Wären Sie ein gut sozialisierter Hund, würden Sie dann Ihren Hund ignorieren, oder Ihrerseits Beschwichtigungssignale aussenden und den Hund fürs Kommen belohnen, um mitzuteilen, dass alles wieder in Ordnung ist.

Da Sie aber immer noch sauer sind, teilen Sie dies Ihrem Hund durch ärgerliches Anschreien und ggf. übertriebene körperliche Härte deutlich mit.

Schon ist ein Problem entstanden, weil Ihr Hund Ihr Verhalten nicht versteht. Er rechnet damit, dass Sie auf seine Beschwichtigungen entsprechend reagieren und alles wieder in Ordnung

Diese beiden Welpen beschwichtigen sich gegenseitig, links den Blick abwenden, rechts über die eigene Schnauze lecken.

ist. Das Gegenteil ist aber der Fall. In seinen Augen verhalten Sie sich unberechenbar und ungerecht, da er Sie ja beschwichtigt hat und Sie völlig anders darauf reagiert haben. Dadurch entsteht ein Vertrauensverlust. Ihr Hund hat sich aus seiner Sicht richtig verhalten und bekommt trotzdem »eins drüber«. Wie gesagt, ein gut sozialisierter Hund hätte anders reagiert. Verhalten Sie sich öfter in der geschilderten Art und Weise, wird Ihr Hund irgendwann gar nicht mehr kommen, da er Angst vor Ihnen hat.

Dass der Hund nicht beim ersten Rufen gekommen ist, ist natürlich auch Ihr Problem und nicht das des Hundes. Sie haben es Ihrem Hund (noch) nicht besser beigebracht.

Damit es nicht zu Verständigungsproblemen kommt, beobachten Sie Ihren Welpen genau. Wie verhält er sich Ihnen oder anderen Hunden gegenüber? Welche Körperhaltung nimmt er ein? Wie bewegen sich die Ohren und die Rute? Dies sind wichtige Indikatoren für die jeweilige Stimmungslage und was Ihr Hund Ihnen mitzuteilen hat.

Umgekehrt beobachtet Ihr Hund Sie auch ganz genau. Mit der Zeit lernt er Sie und Ihre verschiedenen Stimmungen besser kennen, als Sie es für möglich halten würden. Ihm bleibt aber gar nichts anderes übrig, da er sich mit uns eben nicht unterhalten kann. Somit erkennt er schon an unserer Köperhaltung, ob wir gut oder schlecht gelaunt sind und er lernt auch, dass wenn wir ihn anlachen, dies keine Bedrohung darstellt. Denn in der »Hundesprache« bedeuten entblößte Zähne nämlich eigentlich eine Drohung.

Diese Beobachtungsgabe Ihres Hundes können Sie sich bei Übungen wie »Sitz« oder »Platz« zu Nutze machen. Wenn Sie diese Übungen mit entsprechenden Handzeichen verbinden, können Sie sich jegliches Kommando sparen. Der Hund reagiert auf Handzeichen ohnehin viel besser. Verwirrend wird es für ihn nur, wenn Sie z.B. »Platz« sagen, aber mit dem erhobenen Zeigefinger ein »Sitz« zeigen. Im Zweifel wird der Hund sich setzen, die Körperhaltung ist für ihn eindeutiger.

Mit entscheidend bei der nonverbale Kommunikation sind die Stellung der Rute und der Ohren eines Hundes. Dies ist neben tierschutzrechtlichen Gesichtspunkten auch ein Grund dafür, warum in vielen europäischen Ländern grundsätzlich das Kupieren der Rute und Ohren verboten worden ist (bei jagdlich geführten Hunden bestehen Ausnahmen). Den Hunden fehlen einfach wichtige »Kommunikationsinstrumente«. Übrigens kann man auch bei Rassen mit »Schlappohren« ganz genau erkennen, ob die Ohren nach vorne gerichtet, oder angelegt sind.

Da Hunde eigentlich Raubtiere sind, haben sie von den Wölfen ein gewisses Aggressionspotential »geerbt«. Das ist für ihr überleben auch sinnvoll, darf aber natürlich nicht ausufern. Um ständigen Streitereien aus dem Weg zu gehen und die Aggressionen im Zaum zu halten, haben Hunde daher ein Repertoire an »Beschwichtigungssignalen« und »Unterwerfungsgesten«, die deeskalierend wirken:

❯ **Pföteln (Pfote anheben)**

❯ **Gähnen**

❯ **Blick oder ganzen Körper abwenden**

❯ **Sich über die eigenen Lefzen lecken**

❯ **Auf den Rücken legen (ggf. dabei urinierend)**

❯ **Geduckte Körperhaltung**

❯ **Ohren anlegen**

❯ **Lefzen des anderen Hundes lecken**

❯ **Rute zwischen die Beine klemmen**

Bei gut sozialisierten Hunden kann man diese Signale vielfach untereinander beobachten. Natürlich wird sich auch mal gestritten, aber es kommt bei Auseinandersetzungen selten zu ernsten Verletzungen, da vorher schon Beschwichtigungssignale von mindestens einem Hund ausgesendet werden.

Wenn sich Ihr Hund Ihnen gegenüber in gewissem Maße unterwürfig verhält, ist das Verhältnis zwischen Ihnen in Ordnung. Damit zeigt Ihr Hund Ihnen an, dass von ihm keine Gefahr ausgeht und er Sie als »Führungspersönlichkeit« respektiert.

Wenn Sie also nach Hause kommen und der Hund war eine Zeit lang alleine, sollten Sie eigentlich folgendes Verhalten beobachten können: Der Hund kommt Ihnen wedelnd entgegen, mit etwas geduckter Körperhaltung und angelegten Ohren. Dabei schaut er Sie aber an. Wenn es sich so abspielt, ist alles wunderbar.

Kommt Ihr Hund gar nicht und bleibt mit eingekniffener Rute, angelegten Ohren und ohne Blickkontakt auf seinem Platz liegen, stimmt etwas nicht. Der Hund hat dann Angst und das muss seine Gründe haben. Hoffentlich lassen Sie es zu einer solchen Situation gar nicht erst kommen, das mangelnde Vertrauen wieder aufzubauen, ist viel schwieriger als es zu zerstören. Leider kenne ich einige Fälle, bei denen Hunde so viel Angst vor ihrem Besitzer haben, dass sie sich völlig ergeben. Das bedeutet, dass der Hund sich mit eingeklemmter Rute und abgewendetem Blick auf den Rücken legt und sich keinen Millimeter bewegt. Häufig urinieren die Hunde dabei. Es ist wirklich grauenhaft, so etwas mit ansehen zu müssen. Wer solche Reaktionen bei seinem Hund hervorruft, muss wirklich alles falsch gemacht haben. Ihr Hund sollte in jedem Fall keinen Grund haben, sich so total zu unterwerfen. Macht er das gegenüber einem anderen Hund, ist das etwas ganz anderes.

Übrigens ist diese Körperhaltung nicht mit der Situation zu verwechseln, wo Sie Ihren Hund am Bauch kraulen und er sich dabei wohlig auf dem Rücken wälzt. Dabei hat er nämlich keine eingeklemmte Rute oder sendet andere Beschwichtigungssignale aus.

Wenn Sie mit Ihrem Hund trainieren, sollten Sie ebenfalls auf Beschwichtigungssignale achten, sie sind auch ein Zeichen von Überforderung. In diesem Fall sollten Sie nur noch eine kurze Übung machen, die Ihr Hund schon beherrscht. Dadurch haben Sie die Möglichkeit, ihn zu loben (für den Hund ein erfolgreicher Abschluss), um dann das Training zu beenden.

Grundsätzlich sollten Sie ohnehin dann trainieren, wenn Sie selber »gut drauf« sind. Nur dann können Sie Ihren Hund entsprechend motivieren und ein Trainingserfolg stellt sich ein. Da er Ihre Stimmung ja zu deuten lernt, wird er bei schlechter Laune auch nur entsprechend widerwillig mitarbeiten, da ihn die Situation verunsichert.

Neben Unterwerfungsgesten verwendet ein Hund natürlich auch Drohgebärden. Hierbei muss immer unterschieden werden, ob es sich um »offensive« oder »defensive« Drohungen handelt. Da es sich grundsätzlich um »Aggressionen« handelt, spricht man in diesem Zusammenhang auch von »dominanter Aggression« oder »Angstaggression«. In beiden Fällen sind die Drohgebärden recht ähnlich, liegen aber in unterschiedlichen Abstufungen vor. Um dies zu veranschaulichen, vergleichen Sie einmal folgende drei »Typen«:

❯Typ 1: Der selbstsichere Hund

❯ **Sich groß machen, also steife aufrechte Körperhaltung**

❯ **Ohren nach vorne gerichtet**

> Blickkontakt halten

> Nackenhaare aufstellen

> Lefzen kräuseln (es werden keine Zähne gezeigt)

> Rute in waagerechter Position, durchaus auch wedelnd

> Knurren

Dieser souveräne Typ ist sich seiner Stärke und Position durchaus bewusst und erwartet von seinem Gegenüber den nötigen Respekt. Wird dies vom gegenüber anerkannt, gibt es keine Probleme. Bekommt er den ihm gebührenden Respekt allerdings nicht, z.B. durch entsprechende Beschwichtigungen, geht er einer Konfrontation nicht aus dem Weg, um die Verhältnisse zu klären.

Typ 2: Der etwas unsichere Hund

> Steife Körperhaltung

> Ohren halb angelegt

> Blickkontakt halten

> Nackenhaare und Haare am Rutenansatz aufstellen

> Lefzen kräuseln und einen Teil des Gebisses zeigen

> Rute in aufrechter Position, durchaus auch wedelnd

> Knurren

Im Unterschied zu Typ 1 ist sich dieser Hund seiner Sache nicht ganz sicher, ihm fehlt es etwas an Selbstvertrauen. Die Unterschiede liegen in der Ruten- und Ohrenhaltung, dem zusätzlichen Aufstellen der Haare am Rutenansatz, welches die Erregung des Hundes anzeigt und am teilweise Entblößen des Gebisses. Ist sein Gegenüber mit mehr Selbstvertrauen ausgestattet oder verhält sich sehr freundlich, wird er dies erkennen und eine Konfrontation vermeiden.

Typ 3: Der stark unsichere und ängstliche Hund

> Steife und geduckte Körperhaltung

> Ohren angelegt

> Blickkontakt halten

> Nackenhaare und Haare am Rutenansatz aufstellen

> Lefzen kräuseln und das komplette Gebiss zeigen

> Rute in waagerechter Position

> Knurren

Dieser Hund ist sehr unsicher und hat Angst, er fühlt sich quasi »in die Ecke gedrängt«. Er zeigt sämtliche ihm zur Verfügung stehenden »Waffen«, nämlich seine Zähne und ist auch durchaus bereit, diese einzusetzen, wenn es nicht anders geht. Mehr an Drohungen an sein Gegenüber, ihn in Ruhe zu lassen, stehen einem Hund nicht zur Verfügung. Er will keine Konfrontation, aber wenn man ihm jetzt noch näher kommt, wird er zubeißen. Da er keinen Ausweg oder eine Fluchtmöglichkeit mehr sieht, versucht er schlicht seine Haut zu retten. Angriff ist in diesem Fall für ihn die beste Verteidigung.

So gesehen stellt dieser Typ eine echte Gefahr dar und aus solchen Situationen heraus entstehen die meisten Beißunfälle. Man spricht von einem typischen »Angstbeißer«.

Gerade wenn Sie Kinder haben erklären Sie auch ihnen, die verschiedenen Verhaltensweisen eines Hundes.

Oftmals sind Kinder sehr unbedarft im Umgang mit fremden Hunden. Sie sind von dem eigenen Hund gewohnt, dass dieser sich einiges »gefallen« lässt und gehen dann davon aus, dass sie in der gewohnten Weise auch mit einem fremden Hund umgehen können (z.B. in den Arm nehmen zum Kuscheln). Dieser muss das aber nicht tolerieren und wenn das Kind drohende Signale dann nicht wahrnimmt oder toleriert, kommt es zu den Beißunfällen. Oftmals ist dann das Gesicht des Kindes betroffen, da es sich für den Hund ggf. in Schnauzenhöhe befindet. Schuld ist hier meistens wieder nicht der Hund, sondern das Kind bzw. deren Eltern. Dass ein Hund ohne vorher zu drohen einfach so zubeißt ist sehr selten, dann liegt eindeutig eine Verhaltensstörung vor.

Nachdem Sie nun einiges über Kommunikation und Körpersprache erfahren haben, versuchen Sie doch einmal, die folgenden Beschreibungen den Abbildungen zuzuordnen. Aber nicht schummeln und schon vorher die Auflösung ansehen.

A) Der Hund zeigt eine Spielaufforderung
B) Der Hund droht aus starker Unsicherheit und Angst
C) Der Hund ist neutral bis aufmerksam
D) Der Hund droht selbstsicher
E) Der Hund ist leicht unterwürfig
F) Der ist stark ängstlich
G) Der Hund droht unsicher und ist erregt
H) Der Hund unterwirft sich völlig

Abbildung 1

Abbildung 2

Abbildung 3

Abbildung 4

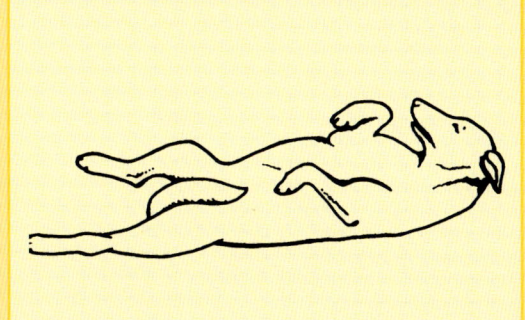

Abbildung 7

Abbildung 5

Abbildung 8

Abbildung 6

Auflösung:

Abbildung 1 = B
Abbildung 2 = F
Abbildung 3 = C
Abbildung 4 = H
Abbildung 5 = D
Abbildung 6 = A
Abbildung 7 = E
Abbildung 8 = G

Wichtige überlegungen vor der Anschaffung eines Hundes

Ist ein Hund das richtige für mich?

Wenn bereits ein Hund zur Familie gehört

Welpe oder Hund aus zweiter Hand?

Rassehund oder Mischling?

Rüde oder Hündin?

Woher bekomme ich meinen Hund?

Ist ein Hund das Richtige für mich?

Ein gesunder Hund wird im Durchschnitt ca. zehn bis zwölf Jahre alt, kleine Rassen erreichen ein Alter von 15 Jahren oder sogar noch ein wenig mehr. Diesen sehr wichtigen Aspekt müssen Sie unbedingt beachten, wenn Sie die Anschaffung eines Hundes in Erwägung ziehen. Bei Anschaffung eines Welpen wird dieser Hund Sie also (hoffentlich) mindestens die nächsten zehn Jahre begleiten. Da Hunde so alt werden können, reicht die Beurteilung der momentanen Lebenssituation, ob ein Hund ins Haus kommen soll, nicht aus. Sie müssen sich die Frage stellen, ob Sie auch mehrere Jahre nach der Anschaffung einem Hund noch ein Zuhause bieten können und wollen.

Wie alt werden Sie in zehn Jahren sein und können Sie gemessen an Ihrem Alter dem Hund dann auch noch ein artgerechtes Leben zugestehen (siehe auch unter Welpe oder Hund aus zweiter Hand, Seite 34ff)?
Planen Sie zukünftig eine Familie mit Kindern und ist der Hund dann immer noch erwünscht? Oder umgekehrt, gehen Ihre Kinder, für die Sie vornehmlich den Hund anschaffen wollen, bald aus dem Haus oder deren Freundeskreis wird wichtiger als der Hund? Sie sind dann alleine für seine tägliche Beschäftigung verantwortlich.

› Familiensituation

Sind Sie als Hausfrau und Mutter noch kleiner und nicht schulpflichtiger Kinder überhaupt in der Lage, sowohl die Kinder in ihre Selbstständigkeit zu führen und nebenbei einem Hund

»Los, spiel mit mir!«

die notwendige Erziehung, Aufmerksamkeit und Liebe entgegen zu bringen?

Wünschen sich wirklich alle in der Familie einen Hund und sind auch bereit und in der Lage, Verantwortung zu übernehmen?

Ein Hund erkennt Spannungen in seinem Umfeld sofort und das kann zu Problemen führen. Zudem sollte vor der Anschaffung abgeklärt sein, ob jemand in der Familie allergisch auf Hunde reagiert (übrigens der »beliebteste« vorgeschobene Grund für die Abgabe eines Haustieres ins Tierheim, wenn es irgendwann zu lästig wird).

> Beruf und Hobbys

Ihre berufliche Situation muss so gestaltet sein, dass Ihr Hund dauerhaft nicht länger als sechs Stunden alleine ist, wenn Sie ihn nicht zur Arbeitsstelle mitnehmen können. Andernfalls wird das Rudeltier Hund seelisch verkümmern und sich aus Langeweile eine anderweitige Beschäftigung suchen. Im Zweifel ist das Ihre Wohnungseinrichtung, oder zur Freude Ihrer Nachbarn, ständiges Jaulen und Bellen.

Zumindest sollten Sie in Zeiten beruflicher Anspannung dafür Sorge tragen, dass eine vertrauenswürdige Person Ihren Hund regelmäßig während Ihrer Abwesenheit betreut. Ihr Hund braucht als Rudeltier Geselligkeit.

Außerdem müssen Sie überlegen, ob Sie bereit sind, zeitaufwendige Hobbys aufzugeben oder zumindest einzuschränken, um dem Hund genügend Beschäftigung und Aufmerksamkeit widmen zu können.

> Kostenfaktor

Neben den Anschaffungskosten eines Hundes (Welpen bestimmter Rassen kosten beim Züchter durchaus 1000 EURO und mehr), müssen Sie für die laufenden Kosten wie Futter, Hun-

desteuer, Haftpflichtversicherung und Tierarzt (Entwurmung/Impfung) mit etwa 1000 EURO pro Jahr rechnen. Die Haltung eines Hundes ist also mit nicht unerheblichen Kosten verbunden, dabei sind Behandlungen in einem (schweren) Krankheitsfall oder der Besuch einer Hundeschule noch nicht eingerechnet.

> Die Wohnsituation

Mit einer Dogge sollten Sie möglichst nicht in einer 50-Quadratmeter-Wohnung zusammenleben, auch wenn diese Rasse diesbezüglich recht anspruchslos ist, sofern sie ansonsten genügend Beschäftigung hat.

Egal, für welchen Hund Sie sich entscheiden, ein Löseplatz muss immer schnell erreichbar sein, da auch Hunde mitunter sehr dringend mal »müssen«, zum Beispiel wenn sie mal an Durchfall erkrankt sein sollten.

Sie müssen auch bereit sein, eventuell mit dem Auto ins Grüne zu fahren, um den Hund auch ohne Leine laufen zu lassen. Dies ist in Innenstädten meistens nur in bestimmten Parks erlaubt. Dauerndes Gassi gehen an der Leine ist nicht artgerecht.

Außerdem muss vorab geklärt sein, ob im Falle eines Mietverhältnisses der Hausbesitzer eine Hundehaltung erlaubt.

> Urlaub

Sind Sie bereit, für das neue Familienmitglied Ihren Urlaub anders zu planen und durchzuführen als bisher? An Stränden sind Hunde in der Hauptsaison oft unerwünscht, Skipisten sind in der Regel tabu und spezielle Langlaufloipen gibt es nur wenige. Ein Quartier zu finden, wo Hunde erlaubt sind, ist ebenfalls schwieriger, als ohne Hund zu verreisen.

Wenn Sie Ihren Hund nicht mit in den Urlaub mitnehmen wollen, brauchen Sie verantwortungsbewusste »Hundesitter«, bei denen Ihr Hund unterkommen kann. Diese Personen müssen sich ihrer Verantwortung in dieser Zeit voll bewusst sein und sie auch gerne wahrnehmen. (Für mich als »Berufstätigen« gibt es eigentlich nichts Schöneres, als gemeinsam mit meinen Hunden Urlaub zu machen. Zwar gibt es bestimmt auch gute (sehr teure) Hundepensionen, die sich rund um die Uhr um die Hunde kümmern. Die meisten kommen mir aber eher wie »Verwahranstalten« vor, in denen die Hunde bis auf kurze Spaziergänge (wenn überhaupt), sehnsüchtig auf ihre Abholung warten).

Wenn bereits ein Hund zur Familie gehört

Gehört bereits ein Hund zum Haushalt und es soll ein zweiter dazu kommen, gibt es ein paar Dinge zu beachten, um Rangordnungsproblemen möglichst aus dem Weg zu gehen.
Das Wichtigste ist, dass der Ersthund gut sozialisiert ist und grundsätzlich keine Aggressionen gegen seine Artgenossen hegt. Falls dem doch so ist, sollte auf keinen Fall ein zweiter Hund dazu kommen, solange dieses Problem nicht behoben ist.
Der Ersthund sollte bereits gut erzogen sein, so dass Sie sich auf die Ausbildung des Welpen oder älteren Zweithundes konzentrieren können. Hat der Ersthund bereits Ausbildungsdefizite, verdoppeln sich die Probleme. Übrigens lernt ein Welpe oder älterer Hund nicht oder nur sehr eingeschränkt vom gut erzogenen Ersthund. Eine konsequente Erziehung und Ausbildung ist daher auch beim Zweithund unerlässlich.
Wenn es sich bei dem Zweithund nicht um die gleiche Rasse wie beim Ersthund handelt, sollten Sie möglichst auf einen deutlichen Größenunterschied der Hunde achten. Dann sind zumindest die Kräfteverhältnisse eindeutig.

Diese fünf Jahre alte Mischlingshündin und der einjährige Jack Russell Terrier verstehen sich prächtig.

Der Ersthund sollte schon erwachsen, also etwa zwei Jahre alt sein, wenn ein Welpe ins Haus kommt. Der Welpe kann so von einem älteren Hund weiterhin Sozialverhalten lernen und wird auch später dem älteren Hund meistens den Rang nicht streitig machen.
Viele alte Hunde leben mit einem Welpen förmlich wieder auf, erleben sozusagen ihren zweiten Frühling.
Kritisch ist es manchmal, zwei Hündinnen unter einem Dach zu halten, gerade dann, wenn beide nicht kastriert sind. Speziell während der Läu-

figkeit kann es dann zu erbitterten Streitereien kommen, da in einem Wolfs- oder Wildhunderudel nur die Alphahündin gedeckt wird und diese ihr Recht auch vehement verteidigt.

Sind die Rangordnungsverhältnisse nicht eindeutig geklärt und kommen dann noch geringe Größen- und Altersunterschiede hinzu, können solche Auseinandersetzungen bei gewissen Rassen mit niedriger Reizschwelle sogar mit dem Tod einer der Hündinnen enden.

Das heißt nicht, dass Sie grundsätzlich keine Hündinnen zusammen halten sollten, die Wahrscheinlichkeit, dass es Probleme gibt, ist aber nicht gering. Zumindest müssen Sie bei einer solchen Konstellation über die Kastration der Hündinnen nachdenken (siehe auch unter »Kastration – Ja oder Nein?«, Seite 132ff).

Unter Rüden können zwar auch Probleme auftreten, sie sind aber erheblich seltener.

Am einfachsten ist es, einem Rüden eine Hündin an die Seite zu stellen und umgekehrt. Das macht bezüglich der Rangordnung am wenigsten Probleme, allerdings müssen Sie sich auf jeden Fall Gedanken über die Familienplanung machen, bzw. wie Sie unerwünschten Nachwuchs verhindern.

Um möglichst keine Rangordnungsprobleme aufkommen zu lassen, müssen auch Sie dem Neuankömmling deutlich zeigen, welche Stellung er im Rudel einnimmt. Nämlich die Niedrigste. Das fällt gerade gegenüber einem Welpen mitunter sehr schwer, es lohnt sich auf Dauer aber, dem älteren Hund seine Rechte zu belassen. Also schicken Sie den Zweithund weg, wenn Sie gerade mit dem Ersthund kuscheln, Sie geben dem Ersthund sein Fressen zuerst, er darf als erster ins Auto und wieder heraus.

Sollte der jüngere Hund irgendwann versuchen, die Rangordnung des älteren Hundes in Frage zu stellen, dürfen Sie sich nicht einmischen. Der Ersthund wird im Zweifel dem Neuankömmling seine Grenzen schon aufzeigen. Dem Zweithund dann beizustehen oder den Ersthund dafür zu maßregeln, ist absolut tabu.

Mit der Zeit kann es allerdings trotzdem zu einer Verschiebung der Rangordnungsverhältnisse kommen, der jüngere fordert mehr Rechte ein und setzt sie auch durch. Hier dürfen Sie ebenso wenig eingreifen, der ältere Hund muss sich zur Wahrung des Friedens wohl oder übel in seine Rolle fügen.

Nur wenn es wiederholt und dauerhaft zu Auseinandersetzungen kommt, die Hunde also die Rangordnungsverhältnisse nicht untereinander klären können, müssen Sie eingreifen. Das bedeutet in der Regel, dass einer der Hunde abgegeben werden muss, wenn auch eine Kastration keine Abhilfe schafft.

Davon abgesehen müssen Sie sich über Ihre Rolle als Rudelführer Gedanken machen, denn meistens ist es Ihre Schuld, wenn es zu solchen Auseinandersetzungen kommt. Würden die Hunde Sie uneingeschränkt als Rudelführer akzeptieren, wären die Auseinandersetzungen wahrscheinlich überflüssig.

Auf keinen Fall sollten Sie sich aus schlechtem Gewissen gegenüber dem Ersthund heraus einen Zweithund anschaffen. Sind Sie der Meinung, dem Ersthund aus welchen Gründen auch immer nicht genügend Aufmerksamkeit widmen zu können, kann das nicht durch die Anschaffung eines zweiten Hundes kompensiert werden. Langeweile und Unterbeschäftigung bleiben, schließlich spielen zwei Hunde nicht mehr »Schach« miteinander als einer alleine. Zwei Hunde brauchen mindestens die gleiche Zuwendung, Aufmerksamkeit und Beschäftigung wie ein einzelner Hund. Reicht die Zeit bereits für den Ersthund nicht, sollten Sie diesen besser abgeben, als einen zweiten dazu zu holen, der dann das gleiche Schicksal teilen muss.

Welpe oder Hund aus zweiter Hand?

Grundsätzlich stellt sich diese Frage schon im Hinblick auf das eigene bereits erreichte Alter. Ältere Mitmenschen sollten sich sehr gut überlegen, ob sie die nächsten vielleicht 15 Jahre dem Hund ein artgerechtes Leben ermöglichen können. Hat man bereits ein fortgeschrittenes Alter erreicht, kann es sinnvoll sein, sich einen schon älteren Hund aus einem Tierheim ins Haus zu holen. Viele Hunde im Alter von zehn oder mehr Jahren sitzen in den Tierheimen und warten auf

eine Vermittlung. Da es sich in diesem Alter um zumeist sehr ruhige Hunde handelt, die auf überlange Spaziergänge und ein umfassendes Beschäftigungsprogramm keinen Wert mehr legen, eignen sie sich hervorragend als Begleiter für ältere Mitmenschen. Außerdem sollten ältere Hundehalter dem Umstand Rechnung tragen, dass sie ihren Vierbeiner vielleicht nicht überleben werden und daher vorzeitig geregelt haben, was dann mit dem Hund passiert.

Leider erlebe ich es immer wieder, dass ein Welpe von Haltern angeschafft wird, die bereits ein Alter von 70 Jahren oder mehr erreicht haben. Oft handelt es sich dann auch noch um große Rassen und die entstehenden Probleme sind

absehbar. Die meisten Mitmenschen sind in solch fortgeschrittenem Alter oft körperlich gar nicht mehr in der Lage, dem immensen Bewegungsdrang eines jungen Hundes nachzukommen. Mangels ausreichender Beschäftigung verkümmert der Hund früher oder später oder entwickelt sich mehr und mehr zu einem Problemhund, mit dem die Halter vollkommen überfordert sind.

Dazu folgendes Beispiel aus meiner Trainerpraxis:
Eheleute X haben hatten sich einen Schäferhundwelpen (Rüde) zugelegt. Einen Schäferhund deshalb, weil sie ihr halbes Leben lang Schäferhunde gehalten hatten. Frau X war Ende 70, Herr X bereits über 90 und mit künstlichen Hüftgelenken ausgestattet. Im Alter von einem Jahr baten sie um Hilfe, da ihr Hund überhaupt nicht gehorchte. Kein Sitz, kein Platz, ständig an der Leine ziehend und sämtlichen vorbeifahrenden Autos hinterherjagend. Hinzu kam eine regelrechte Aversion gegenüber anderen Hunden. Kurzum eine Katastrophe für die Besitzer.

Ein zugegeben extremes Beispiel, aber es zeigt, warum dieser Hund von seinen Besitzern nicht in den Griff zu bekommen war. Bei so wenig Beschäftigung (die einzige besteht im Verbellen anderer Hunde) kann überhaupt keine Bindung zu einem Hund hergestellt werden, der Hund wurde völlig sich selbst überlassen. Dabei hätten sie es gar nicht schlecht gemeint, sie seien halt körperlich nicht in der Lage, dem Hund mehr Bewegung und Beschäftigung zu bieten. Ach ja, der Spaziergang. Nachdem ich in dem Gespräch erfuhr, was mit Spaziergang gemeint ist, war auch klar, warum der Hund sämtlichen Autos hinterherrannte. Eheleute X fuhren langsam über einsame Feldwege und ließen den Hund neben bzw. hinter dem Auto herlaufen. Mein Rat war, den Hund abzugeben, falls sich keiner finden würde, der dem Hund täglich die nötige Beschäftigung zukommen lässt. Aus ihrem Umfeld wäre keiner in der Lage, diese Anforderungen zu erfüllen, andererseits könne man es dem Hund aber auch nicht antun, ihn abzugeben, er gehöre schließlich zur Familie. Von den Eheleuten X habe ich nie wieder etwas gehört.

NACH EINEM INTENSIVEN GESPRÄCH TRAT DANN FOLGENDER TAGESABLAUF DES HUNDES ZU TAGE:

7.00 Uhr–8.00 Uhr:	Aufstehen, der Hund wird in den Garten gelassen, um sich zu lösen. Anschließend: Der Hund bekommt sein Fressen im Haus.
8.00 Uhr–15.00 Uhr:	Je nach Wetter verbringt der Hund die Zeit im Haus oder im Garten. Zwischendurch lösen lassen im Garten. Ist er im Garten, verbellt er jeden vorbeikommenden Hund und läuft permanent am Zaun auf und ab.
15.00 Uhr:	Fressen im Haus, danach lösen lassen im Garten, wenn er nicht sowieso im Garten war.
15.00 Uhr–19.00 Uhr:	siehe 8.00–15.00 Uhr
19.00 Uhr:	Spazieren gehen.
20.00 Uhr:	Der Hund kommt ins Haus.
22.00 Uhr:	Lösen lassen im Garten, danach Nachtruhe.

Wer selber mal einen Welpen aufgezogen hat, wird zu dem Ergebnis kommen, dass es eigentlich nichts Schöneres geben kann, als die Entwicklungsstufen vom Welpen bis zum erwachsenen Hund hautnah miterlebt zu haben. Allerdings tragen Sie auch eine riesige Verantwortung, denn Sie sind schließlich zu einem sehr großen Teil selber dafür verantwortlich, was aus Ihrem Hund wird.

Gerade die Zeit bis zur 16. Lebenswoche ist für einen Hund die wichtigste Phase in seinem ganzen Leben, hier wird der Grundstein für seine spätere Entwicklung gelegt. In dieser Zeit dürfen möglichst keine Fehler passieren und Sie müssen sich sehr intensiv um die Entwicklung des Welpen kümmern, um später einen sozialverträglichen, wesensfesten und umgänglichen Partner zu haben.

Das heißt vor allem, dass Sie sehr viel Zeit aufbringen müssen, damit der Welpe die Möglichkeit hat, viele verschiedene Erfahrungen zu sammeln. Sei es im Kontakt mit Artgenossen, der Verarbeitung verschiedenster Reize in seiner Umwelt und natürlich auch im Umgang mit Ihnen.

Kommt ein Welpe ins Haus, sollten Sie mindestens vier Wochen Urlaub haben, damit Sie auch die nötige Zeit aufbringen können, um den Welpen zum Beispiel schon an das Alleine-

bleiben zu gewöhnen (siehe auch unter »Allein zu Haus«, Seite 96ff). Auch stubenrein ist ein Welpe meist nicht nach ein bis zwei Tagen und Sie müssen darauf achten, dass ein Malheur in der Wohnung gar nicht erst passiert. Verhindern können Sie das nur, solange Sie anwesend sind und sich um den Welpen kümmern (siehe auch unter »Stubenreinheit«, Seite 80ff) – also am besten im Urlaub.

Nach einer Eingewöhnungsphase von ca. einer Woche sollten Sie eine gut geführte Welpenstunde besuchen, an der Sie auch regelmäßig bis zum Alter von 16 Wochen teilnehmen sollten (siehe auch unter »Welpenspielstunde/Hundeschule«, Seite 60ff). Frühestens ab der 17. Woche beginnt dann das »eigentliche« Gehorsamstraining.

Bis zu einem Alter von etwa zwei Jahren ist dann konsequentes Training erforderlich, damit Sie sich in jeder Situation auf Ihren Hund verlassen können (danach natürlich auch, damit es so bleibt).

Entscheiden Sie sich also für einen Welpen, liegt viel Arbeit vor Ihnen und Sie tragen eine hohe Verantwortung. Daneben kommen Kosten in nicht unerheblicher Höhe auf Sie zu. Das beinhaltet nicht nur die Anschaffung des Welpen, sondern auch die Kosten für seine Ausbildung, falls Sie nicht selber so viel Hundeerfahrung haben, dass Sie ohne fremde Hilfe auskommen. Andererseits haben Sie mit der Anschaffung eines Welpen auch die größte Chance, die Entwicklung des Hundes in die richtigen Bahnen zu lenken und in der Folge einen problemlosen Begleiter an Ihrer Seite zu haben. Sollten Sie über keine Erfahrung in der Haltung und im Umgang mit Hunden haben, ist die Anschaffung eines Welpen zu empfehlen, da Sie, kompetente Unterstützung zum Beispiel durch eine Hundeschule vorausgesetzt, die weitere Entwicklung und Erziehung des Hundes maßgeblich beeinflussen können.

Wollen und können Sie die hohe Verantwortung für einen Hund die nächsten 10–15 Jahre tra-

Golden Retriever, 13 Wochen alt.

gen und sind bereit, eine Menge Zeit und ggf. auch Kosten in die Ausbildung eines Hundes zu investieren, dann steht der Anschaffung eines Welpen nichts im Wege.

Haben Sie weder Zeit noch Ausdauer, um der Entwicklung und Ausbildung eines Welpen bis zum erwachsenen Hund gerecht zu werden, oder Sie möchten sich nicht für 10–15 Jahre an einen Hund binden, stellen bereits ältere Hunde die Alternative dar. Wenn Sie Glück haben, sind sie stubenrein und schon mehr oder weniger ausgebildet, so dass insofern viel weniger Arbeit auf Sie zukommt, als das bei der Anschaffung eines Welpen der Fall ist.
Normalerweise passen sich Hunde schnell an eine neue Umgebung und an einen neuen Besitzer an, so dass ein bis zwei Wochen Urlaub in diesem Fall schon ausreichen können, um einen Hund an die neuen Verhältnisse zu gewöhnen. Sie können also viel schneller in den täglichen Rhythmus zurückkehren, natürlich unter Einbeziehung der Bedürfnisse des Hundes.

Hat der Hund Aggressionsprobleme oder Ausbildungsdefizite, kann allerdings auch hier der Rat erfahrener Trainer von Nöten sein, der nicht umsonst zu bekommen ist. Dafür fangen Sie in der Regel nicht bei Null an und gelangen bei richtigem Training schnell ans Ziel.

Rassehund oder Mischling?

Bezüglich der Haltung gibt es keine Unterschiede zwischen einem Mischlings- oder einem Rassehund. Jeder Hund stellt bestimmte Grundbedürfnisse an seine Umwelt, die erfüllt werden müssen, damit er ein ausgeglichener und angenehmer Begleiter für den Menschen sein kann. Diese Grundbedürfnisse wie zum Beispiel Fressen, Rudelanschluss, körperliche und

geistige Auslastung oder auch konsequente Erziehung, hat ein Mischlingshund ebenso, wie ein reinrassiger Vertreter der Spezies Hund. Unterschiede gibt es aber schon bei der Frage, woher man einen Hund bekommen kann (siehe Kapitel III), wenn man sich denn zum Beispiel für einen Welpen entschieden hat. Einen Rassewelpen bekommt man in der Regel von einem Züchter, wobei eben auch Tierheime manchmal Rassehundewelpen zu vermitteln haben. Häufiger findet man im Tierheim aber Mischlingswelpen. Und da dort meistens nur die Mutter mit den Welpen abgegeben wird und oft keiner weiß, was für ein Hund der Vater gewesen ist, kann man nicht im Voraus sagen, welche Größe ein Welpe erreicht oder welche Wesenseigenschaften zu Tage treten werden.
Das ist bei einem Welpen von einem Rassezüchter anders, da wissen Sie ziemlich genau, wie groß Ihr Hund in etwa werden wird und welche Rasseeigenschaften er mitbringt.
Sich über die Eigenschaften verschiedener Rassen zu unterrichten, ist ohnehin das Wichtigste, was Sie tun müssen, bevor Sie sich für einen Hund entscheiden. Egal ob Rassehund oder Mischling (soweit die Zusammensetzung bei einem Mischling rekonstruierbar ist). Bei einem Rassehund von einem Züchter ist das wie gesagt kein Problem, bei einem Mischling kann das schon schwerer zu beurteilen sein. Bei einem Mischling bekommen Sie auf aber jeden Fall ein »Unikat«, das selten einem anderen Hund sehr ähnlich sehen wird. Wenn ich mich andererseits auf einer Hundeausstellung umsehe, kann ich als Nichtfachmann für eine bestimmte Rasse die vorgeführten Hunde oft nur unterscheiden, weil die Halter am anderen Ende der Leine unterschiedlich aussehen. Würden nur die Hunde im Ring stehen, würde mir eine Unterscheidung manchmal schon sehr schwer fallen. In jedem Fall sollten Sie auch bei einem Mischling möglichst wissen, aus welchen Rassen er sich »zusammensetzt«, damit Sie von seinem Wesen und Verhalten nicht völlig überrascht werden.

Auf keinen Fall dürfen Sie Ihre Entscheidung vornehmlich vom Aussehen eines Hundes abhängig machen, auch wenn Ihr Hund Ihnen natürlich auch äußerlich gefallen soll. Die inneren Werte eines Hundes sind viel zu wichtig, als dass sie eine untergeordnete Rolle spielen dürfen, vielmehr müssen diese inneren Werte Ihre Entscheidung maßgeblich beeinflussen.

Viel zu viele Halter belasten sich mit Hunden, deren Rasseeigenschaften beim Kauf nicht berücksichtigt wurden und denen diese Halter in der Folge nicht gerecht werden. Das stellt sowohl für den Halter als auch den Hund oft ein riesiges Problem dar. Für den Halter, weil er es mit einem vermeintlich störrischen, dickköpfigen und unerzogenen Hund zu tun hat und für den Hund, weil er nicht artgerecht gehalten und beschäftigt wird.

Viele Hundekäufer verfallen beim Kauf so genannten Moderassen. Es ist eben gerade chic, einen Hund einer bestimmten Rasse sein Eigen zu nennen. In der Vergangenheit betraf das zum Beispiel den Dalmatiner (Kinofilm »101 Dalmatiner«) oder den Border Collie (Kinofilm »Ein Schweinchen namens Babe«). Gerade der Border Collie stellt sehr hohe Ansprüche, was seine körperliche und geistige Beschäftigung angeht. Als Hütehund stellt man ihm am besten eine Schafherde zur Verfügung, damit er seinen extremen Hütetrieb ausleben kann. Kann man das nicht gewährleisten, oder nicht anderweitig für regelmäßige und abwechslungsreiche Beschäftigung wie Agility, Flyball, Obedience o. Ä. sorgen, sucht sich der Border Collie andere Ventile, um seinem angestauten Drang nach Beschäftigung Luft zu machen. Das reicht von Zerstörungswut über dauerndes Hüten von Kindern oder anderen Lebewesen, bis hin zu Aggressivität. Den Hund dann noch unter Kontrolle zu bringen, ist für den Halter fast unmöglich, der Hund wird irgendwann untragbar und dann abgegeben.

Mischling, 14 Wochen alt.

Jack Russell Terrier, zehn Wochen alt.

Zurzeit erfreuen sich Terrier ungeheurer Beliebtheit, vor allem die Jack Russell Terrier. Sie sind klein und handlich, benötigen nicht viel Futter, können kleine Kinder nur schwerlich umrempeln, an der Leine ziehen ist bei dem Gewicht nicht besonders schlimm, und einen Kombi muss man sich für den Transport auch nicht anschaffen. Also der ideale Familien- und Schoßhund, dem man auch keine konsequente Erziehung wie bei einem großen Hund zukommen lassen muss. Das ist leider ein Irrtum. Vielfach ist den Haltern gar nicht bewusst, dass es sich bei einem Jack Russell Terrier um einen Jagdhund handelt und er dieser Passion auch leidenschaftlich gerne nachgeht. Dazu hat er einen unheimlichen Bewegungsdrang. Radtouren, lange Spaziergänge oder Ausritte am Pferd werden von ihm geradezu erwartet. Daneben ist er ein sehr selbstständiger Hund (manche würden jetzt wieder dickköpfig sagen), da es unter anderem seine Aufgabe war, Füchse aus ihrem Bau zu holen. Dabei durfte er keine Furcht zeigen und auch eine Auseinandersetzung mit dem Fuchs nicht scheuen. Diese Furchtlosigkeit oder auch Respektlosigkeit zeigt sich dann leider oft auch im Umgang mit anderen Hunden. Er meint, immer Chef im Ring zu sein, egal ob der andere (fremde) Hund viel größer und älter ist. Erst mal draufgehen und dem anderen zeigen, »wo Erich den Most holt«. Gerät er dabei an einen toleranten Hund, ist das auch noch kein großes Problem. Aber wehe, der andere wehrt sich und der kleine schwache Hund wird dabei verletzt. Schuld ist dann immer der unsozialisierte und aggressive große Hund. Dass sich sein wehrloser Jack Russell absolut unfreundlich und unsozial gegenüber dem anderen Hund verhalten haben könnte, was dessen Reaktion erst ausgelöst hat, kommt dem Halter überhaupt nicht in den Sinn. Sein Hund wollte schließlich nur spielen.

Nicht dass jetzt ein falscher Eindruck entsteht: Ich habe grundsätzlich nichts gegen Terrier einzuwenden. Nur müssen sie in den richtigen Händen sein, gut sozialisiert und konsequent erzogen werden. Die Probleme liegen wie immer nicht bei dem Hund, sondern bei seinem Halter. Die Beispiele Border Collie und Jack Russell Terrier sollen Ihnen bewusst machen, wie wichtig es ist, sich über die jeweiligen Eigenschaften der verschiedenen Rassen genauestens zu informieren, damit Ihnen unliebsame Überraschungen erspart bleiben.

Sie müssen sich die Frage stellen, was Sie für Eigenschaften von einem Hund erwarten und was Sie mit ihm vorhaben. Dafür sind Kenntnisse der verschiedenen Eigenschaften eines reinrassigen Hundes oder Mischlings aus verschiedenen Rassen unerlässlich. Immerhin hat es der Mensch geschafft, aktuell über 400 verschiedene Rassen zu kreieren, und es kommen permanent weitere hinzu. Dabei sind die Rassen ja nicht zufällig entstanden, sondern es wurden Merkmale und Eigenschaften herausgezüchtet, die dem Menschen nützlich erschienen. So entstanden verschiedene Jagdhunde, Gebrauchshunde (zum Beispiel Hunde im Schutzdienst), Apportierhunde oder auch Hütehunde und Herdenschutzhunde. An den angezüchteten Eigenschaften lässt sich nur sehr bedingt rütteln, Sie werden aus einem Jagdhund keinen zuverlässigen Hütehund machen können.

Sind Sie ein sehr sportlicher Mensch, eignet sich ein Bernhardiner mit Sicherheit nicht für Sie. Sind Sie dagegen nicht besonders sportlich und bewegungsfreudig, sollten Sie auf einen Schäferhund besser verzichten. Wollen Sie sich eine Jagdhundrasse anschaffen, müssen Sie sich dieser Eigenschaft bewusst sein und daher bereit sein, den Hund anderweitig auszulasten und ihm das Jagen durch entsprechendes Training abgewöhnen, wenn Sie den Hund nicht permanent an der Leine führen wollen (was im Übrigen auch nicht artgerecht wäre). Wenn Sie eine Familie mit Kindern haben, also in einem Haushalt leben, in dem ständig etwas los ist, sollte auch der Hund ein gewisses Temperament besitzen, damit ihn der ständige Trubel nicht belastet. Wenn Sie ein geselliger Mensch sind und nicht ständig Angst haben wollen, dass Ihr Hund Sie gegen jeden und alles verteidigt, schaffen Sie sich in keinem Fall einen Herdenschutzhund an. Sie sind wegen ihrer (angezüchteten) Eigenständigkeit außerdem recht schwer zu erziehen.

Alle Retriever (hier »Cooper«) lieben das Wasser.

Denken Sie über einen Retriever nach, muss Ihnen klar sein, dass sich Ihr Hund nur sehr schwer von Wasser fernhalten lässt und er zur Not auch mit einer schlammigen Pfütze durchaus zufrieden ist. Auch der Wassernapf ist eine beliebte »Badewanne«, was gerade bei einem Welpen regelmäßig zu einer Überschwemmung der Wohnung führt. Sollten Sie kein Fan von regelmäßiger Fellpflege sein, ist von langhaarigen Rassen abzuraten, es sei denn, Sie können sich eine regelmäßige Schur leisten. Andere Rassen müssen regelmäßig getrimmt werden, damit Sie auch wie vorgesehen aussehen, zum Beispiel ein West Highland White Terrier.

Informationen zu den verschiedenen Rassen und deren Eigenschaften erhalten Sie in einschlägiger Literatur. Aber Vorsicht: Oftmals werden in Büchern nur die positiven Eigenschaften dargestellt. Um sich ein umfassendes Bild machen zu können, befragen Sie (ehrliche) Züchter, gehen Sie auf Hundeplätze oder Ausstellungen und sprechen dort mit den Besitzern der für Sie in Frage kommenden Rassen.

Auch Ihre räumliche Situation müssen Sie bedenken. Einer Dogge steht ein Haus mit Garten erheblich besser zu Gesicht, als eine 50-Quadratmeter-Wohnung im dritten Stock. Falls Sie sich einen großen Hund anschaffen wollen, müssen Sie überlegen, ob Sie für den Transport zum Tierarzt oder in den Urlaub das passende Fahrzeug besitzen.

Rüde oder Hündin?

Da es einen nicht unerheblichen Unterschied macht, ob Sie sich eine Hündin oder einen Rüden ins Haus holen, sollten Sie sich auch hierüber Gedanken machen. Dabei sind bis zur Pubertät keine wesentlichen Unterschiede zwischen den Geschlechtern festzustellen. Danach sind die Unterschiede im Verhalten und hinsichtlich der Haltung mitunter aber gravierend.

In der Regel kann man sagen, dass Hündinnen leichter zu führen sind. Da Rüden häufig ihre Umgebung im Auge behalten, um etwaige »Konkurrenten« frühzeitig zu erspähen, ist es für den Halter schwieriger, sie auf sich zu konzentrieren. Rüden lassen sich also schneller ablenken. Das heißt allerdings nicht, dass Hündinnen besser und schneller lernen, sie sind nur etwas konzentrierter, auch wenn andere Hunde in der Nähe sind.

Ein Rüde geht auf eine Konfrontation mit einem Geschlechtsgenossen eher ein, als das eine Hündin tun würde. Eine Hündin ist in Bezug auf fremde Rüden oder Hündinnen meistens gelassen und versucht nicht ständig, dem anderen Hund zu zeigen, wie toll sie ist. Manche Rüden stehen dagegen regelrecht unter Profi-lierungssucht, das macht Spaziergänge mit oder ohne Leine dann sehr unangenehm, wenn man an dem Verhalten nichts ändert.

Rüden markieren ständig ihr Revier, das macht es im Gegensatz zur Hündin sehr einfach, den Rüden sich mal eben schnell lösen zu lassen. Er muss vielleicht gar nicht, durch das Markieren entleert er sich aber trotzdem. Bei einem Spaziergang mit Leine ist das eher lästig, da ein Rüde alle Hinterlassenschaften eines anderen Hundes (Eindringling in sein Revier) ausgiebig beschnüffelt, um dann auch noch seine eigene Duftmarke zu hinterlassen.

Allerdings kenne ich auch einige (sehr selbstbewusste) Hündinnen, die viel markieren und dabei wie ein Rüde sogar ein Hinterbein anheben. Berücksichtigt man das geringere Gewicht einer

Hündin, ist sie im Falle des Ziehens an der Leine, leichter zu handhaben. Das sollten Sie allerdings nicht als wirklichen Vorteil betrachten, weil Sie es gar nicht erst dazu kommen lassen sollten (siehe auch unter »An der Leine ziehen«, Seite 153ff).

In jedem Fall stellt sich Ihnen bei der Anschaffung einer Hündin zwei Mal im Jahr, nämlich alle fünf bis acht Monate, das Problem der Läufigkeit. Dass eine Hündin zwei Mal im Jahr läufig wird, ist eine rein auf maximalen Profit ausgerichtete Folge der Zucht, denn Wölfinnen sind nur ein Mal, im Frühjahr, läufig. In der ersten Phase (Proöstrus) hat die Hündin blutigen Scheidenausfluss und sie wehrt die Rüden meistens noch ab. In der zweiten Phase der Läufigkeit (Östrus) wird der Ausfluss klar.

Zwar ist eine Hündin nur wenige Tage der insgesamt ca. drei bis vier Wochen andauernden Läufigkeit empfängnisbereit (so genannte Standhitze), über den gesamten Zeitraum ist sie für Rüden allerdings hochinteressant. Eine läufige Hündin riechen Rüden über sehr weite Entfernungen und gerade Rüden aus Ihrer Nachbarschaft werden Ihrem Grundstück regelmäßig Besuche abstatten, wenn sie von deren Haltern nicht davon abgehalten werden. Sie müssen also ständig auf Ihre Hündin aufpassen. Spaziergänge sollten (wenn nötig angeleint) in einsamen Gegenden oder zu Tageszeiten, an denen Besitzer von Rüden nicht so häufig unterwegs sind (Essenszeiten), stattfinden. Frei laufende Rüden können sehr lästig sein und wenn Sie nicht aufmerksam genug sind, reißen auch Hündinnen mitunter aus, um sich einen Partner zu suchen. Unschöne Flecken auf Ihren Teppichen während der Blutung können Sie auch nicht immer vermeiden, sind aber leicht zu reinigen.

Dazu kommt, dass einige Hündinnen nach der Läufigkeit scheinträchtig werden. Sie verhalten sich dann so, als ob sie gedeckt worden wären. Dieses Verhalten hat hormonelle Ursachen und begründet sich in der Abstammung vom Wolf. In einem Wolfsrudel werfen nur die wenigsten (ranghohen) Wölfinnen, die anderen beteiligen sich aber als Ammen an der Aufzucht und Versorgung der Welpen, obwohl sie nicht gedeckt worden sind. Dazu gehört auch das Säugen. Scheinträchtige Hündinnen können Milch produzieren, manche lecken sich daher ständig am Gesäuge, und/oder andere bauen sich ein Wurflager und sammeln alle möglichen Gegenstände als Welpenersatz und verteidigen diese mitunter auch aggressiv. Bis zu einem gewissen Grad ist dieses Verhalten noch als normal anzusehen, einige Hündinnen steigern sich jedoch in ihre »Mutterrolle« regelrecht hinein, was sowohl bei der Hündin als auch dem Halter enormen Stress auslösen kann.

Es empfiehlt sich daher, alle »bewachten« Gegenstände einzusammeln und der Hündin durch viel Auslauf und Beschäftigung Ablenkung zu verschaffen.

Wollen Sie nicht mit Ihrer Hündin züchten, sollten Sie über eine Kastration nachdenken (siehe auch unter »Kastration – Ja oder Nein«, Seite 132ff).

Entscheiden Sie sich für einen Rüden, haben Sie zumindest kein Problem bzgl. Läufigkeit und ungewolltem Nachwuchs. Befinden sich in Ihrer Gegend aber eine oder mehrere unkastrierte Hündinnen, können Sie ein echtes Problem bekommen. Ihr Rüde wird vielleicht jede sich bietende Gelegenheit ausnutzen, um seine Angebetete zu treffen. Er läuft Ihnen einfach weg, wenn Sie nicht aufpassen. Liebestolle Rüden verursachen dabei mitunter schwere Unfälle, falls sie auf ihrem Weg einfach Straßen überqueren, ohne nach links und rechts zu sehen. Halten Sie den Rüden unter Kontrolle, passiert es häufig, dass er herzzerreißend und sehr ausgiebig jault und wimmert. Tagsüber wie nachts. Häufig verweigert ein Rüde in dieser Zeit auch sein Fressen, er hat halt Wichtigeres im Kopf. So gesehen kann die Läufigkeit einer Hündin in Ihrer Nähe auch für Sie zu einem Problem werden. Für Ihren Rüden ist es auf jeden Fall eines, da diese Situation Stress bei ihm auslöst.

Je nachdem wie ausgeprägt Ihr Rüde auf läufige Hündinnen reagiert, kann es auch hier ratsam sein, den Hund kastrieren zu lassen oder medizinisch entgegen zu steuern.

In Zusammenhang mit den Instinkten unserer Hunde bezüglich der Fortpflanzung müssen Sie die folgenden Sätze unbedingt beachten:

Sollten Sie zufällig Zeuge eines ungewollten Deckaktes werden, lassen Sie den Dingen Ihren Lauf, greifen Sie auf keinen Fall ein. Da der Schwellkörper des Rüden in der Hündin enorm anschwillt, ist es für den Rüden nicht möglich, sich von der Hündin zu trennen. Dieses so genannte »Hängen« kann 30 Minuten oder noch länger dauern. Trennt man die Hunde mit Gewalt (sehr beliebt ist der Eimer mit kaltem Wasser), kann das sowohl bei der Hündin als auch beim Rüden schwere Verletzungen hervorrufen. Da dürfen Sie sich auf keinen Fall einmischen, zumal es ohnehin meist zu spät wäre. Sie hätten besser aufpassen müssen.

Sollten Sie die Hündin besitzen, gibt es beim Tierarzt eine »Spritze danach«, die eine ungewollte Schwangerschaft verhindert. Dazu ist mit aller Deutlichkeit zu sagen, dass diese Methode für die Gesundheit der Hündin NICHT ungefährlich ist, und es sich in jedem Fall lohnt, seine deckbereite Hündin während ihrer Duldungszeit nicht unkontrolliert herumlaufen zu lassen.

Woher bekomme ich meinen Hund?

Wenn Sie sich nach reiflicher Überlegung entschieden haben, dass Ihr Haustier ein Hund sein soll, gibt es mehrere Möglichkeiten, sich diesen Wunsch zu erfüllen.

Es gibt nach meiner Definition professionelle Züchter, Hobby-Züchter, Hundehalter in Not, die aus irgendwelchen Gründen ihren Hund abgeben wollen/müssen, Welpenvermittler, Massenzüchter sowie Tierheime.

Die Entscheidung, woher der Hund kommen soll, ist nicht immer einfach zu treffen. Auf jeden Fall sollten Sie nicht den Fehler begehen, sich gleich beim ersten Zusammentreffen mit dem »Hundeverkäufer« sofort zu entscheiden, auch wenn Sie meinen, dass es genau dieser und kein anderer Hund sein soll. Gerade bei Welpen (ach wie niedlich) werden leider oft keine rationellen Entscheidungen getroffen.

Ich möchte gar keinen Rat dazu geben, woher das neue Familienmitglied letztendlich am besten stammen sollte, sondern werde an dieser Stelle einmal möglichst neutral die verschiedenen Möglichkeiten mit ihren Vor- und Nachteilen gegenüberstellen. Eine wertende Ausnahme muss ich allerdings machen: Kaufen Sie nie einen Hund bei einem Welpenvermittler oder Massenzüchter. Wie solche Leute zu erkennen sind und wo vor allem die Nachteile liegen, werde ich noch erläutern. Gehen wir also die Möglichkeiten durch:

› Professionelle Züchter

Darunter verstehe ich Züchter, die wirklich Ahnung von dem haben, was sie tun. Sie züchten mit viel Liebe und Sachverstand Hunde einer bestimmten Rasse und achten sehr genau darauf, an wen sie ihre Hunde vermitteln.

Die meisten Züchter sind einem der vielen Verbände angeschlossen, die die jeweiligen Rassestandards und Zuchtrichtlinien kontrollieren. Normalerweise erhält man von solch einem Züchter einen Hund mit Papieren, die im Wesentlichen etwas über die Vorfahren aussagen, dem sogenannten Stammbaum. Von welchen Eltern/Großeltern stammt der Hund ab, welche Krankheiten sind bei diesen nicht aufgetreten und einiges mehr. Leider sind Papiere nicht immer die Garantie dafür, dass man einen gesunden Hund bekommt, aber es ist zumindest ein Anhaltspunkt. Wenn man sich dafür interessiert, welche Bestimmungen ein Züchter je-

Flat-Coated-Retriever-Welpen eines »professionellen« Züchters.

weils erfüllen muss und welchen Kontrollen er unterliegt, sollte man sich bei dem jeweiligen Zuchtverband erkundigen. Der in Deutschland größte Verband ist der Verband für das Deutsche Hundewesen (VDH), in der Schweiz ist es die Schweizerische Kynologische Gesellschaft (SKG) und in Österreich der Österreichische Kynologenverband (ÖKV). Hier erhält man auch Listen der Züchter, die eine bestimmte Rasse züchten. Die Züchter innerhalb dieses Verbandes unterliegen relativ strengen Regeln, aber wie überall gibt es auch dort »schwarze Schafe«, von denen man besser keinen Hund nehmen sollte.

Der für mich optimale Züchter hat nicht mehr als zwei bis maximal drei in der Zucht aktive Hündinnen. Hat er mehr und verdient mit der Hundezucht seinen Lebensunterhalt, macht mich das etwas misstrauisch. Außerdem sollte er sich auf die Zucht von maximal zwei Hunderassen beschränken.

Dabei gibt es aber auch Züchter mit weit mehr als drei Hündinnen, die überwiegend ihren Lebensunterhalt mit der Hundezucht verdienen und trotzdem keine rücksichtslosen Massenzüchter sein müssen. Sie achten im Gegenteil sehr genau darauf, welche Hunde aus welchen Zuchtlinien sie miteinander verpaaren können, um Erbkrankheiten ausschließen zu können und charakterstarke und wesensfeste Welpen zu erhalten. Die hohe Anzahl von Hunden aus meist verschiedenen Zuchtlinien hilft ihnen dabei, den Genpool möglichst groß zu halten, Inzucht also zu vermeiden. Einen Welpen eines solchen großen Züchters kann man sich in der Regel ohne Bedenken anschaffen, allerdings bilden sie die Ausnahme und sind innerhalb der anderen Massenzüchter nur schwer ausfindig zu machen. Außerdem stellt sich die Frage, in wie weit der Züchter jedem einzelnen seiner Hunde noch gerecht werden kann, auch wenn er sich mit der reinen Zucht sehr viel Mühe gibt. Die Welpen und auch erwachsenen Hunde sollten zumindest überwiegend in der Wohnung gehalten werden, also permanenten Familienanschluss haben. Dies ist für die Prägung und Sozialisierung der Welpen enorm wichtig. Von reiner Zwingerhaltung sollten Sie daher die Finger lassen.

Ein verantwortungsvoller Züchter wird auch gerne und ausführlich über seine Hunde Auskunft geben. Darüber, wie sie gehalten werden, wo und mit wem sie aufwachsen, welche weiteren sozialen Kontakte die Hunde haben, welche Übungen bereits mit den Welpen zur Prägung und Sozialisierung gemacht wurden.

Darüber hinaus wird sich ein guter Züchter intensiv nach Ihren Lebensumständen erkundigen und danach, was Sie mit dem Hund vorhaben, auch wenn Ihnen das vielleicht unangenehm oder aufdringlich erscheint. Jede Rasse hat spezifische Eigenschaften und einem guten Züchter ist sehr daran gelegen, dass sein Hund auch entsprechend artgerecht gehalten und beschäftigt wird. Dazu gehört auch, dass er Sie ehrlich und umfassend über die jeweiligen Rasseeigenschaften informiert, also weniger positive Eigenschaften der Rasse ebenfalls nicht verschweigt.

Normal bei einem guten Züchter ist auch, dass er meist mehrere Male persönlichen Kontakt mit Ihnen pflegen möchte, um Sie besser kennen zu lernen, bevor er Ihnen einen seiner Hunde anvertraut. Manche Züchter suchen dann sogar den Welpen für Sie aus, die Entscheidung liegt also nicht bei Ihnen. Der Züchter kennt seine Welpen sehr gut und weiß besser, welcher zu Ihnen passen wird. Sollte nach dem ersten Telefonat schon alles geklärt sein, nehmen Sie besser Abstand von diesem Angebot und suchen Sie sich einen verantwortungsvolleren Züchter.

Im eigenen Interesse sollten Sie mehrfach den Züchter besuchen (evtl. auch unangemeldet), um sich ein objektives Bild von den Verhältnissen machen zu können.

Auch nachdem Sie einen Hund bekommen haben, wird sich ein guter Züchter weiter um Sie kümmern, bei Fragen und Problemen immer ansprechbar sein und sich immer mal wieder nach dem Wohlbefinden des Hundes erkundigen. Oft organisiert er auch Wurftreffen mit den Geschwistern Ihres Hundes oder Treffen mit seinen anderen Würfen, weil er an der weiteren Entwicklung seiner Hunde interessiert ist.

Inserate eines hier beschriebenen Züchters werden Sie in der Tageszeitung nicht finden, an sie gelangt man über die Verbände oder entsprechende Inserate in Hundezeitschriften.

Der Nachteil bei einem wirklich guten Züchter ist oft, dass Sie ihn nicht »um die Ecke« finden und mitunter auch schon mal einige Zeit auf einen Hund warten müssen, da vielleicht gerade kein Wurf vorhanden ist. Der Zeitaufwand durch längere Fahrten und Wartezeiten sollte es Ihnen aber allemal Wert sein, bevor Sie eine voreilige Entscheidung treffen.

❯ Hobby-Züchter

Hobby-Züchter sind in der Regel keinem Verband angeschlossen und die Verbindung zwischen ihrer Hündin und (irgend-) einem Rüden ist oft ein »Unfall«. Bei diesen Unfällen müssen Sie sehr vorsichtig sein, oftmals haben diese Hundebesitzer von optimaler Welpenaufzucht wenig oder überhaupt keine Ahnung. Davon abgesehen, kann es mit der Sorgfalts- und Aufsichtspflicht des Halters gegenüber seiner Hündin nicht sehr weit her sein, wenn sie ungewollt von irgendeinem »Dahergelaufenen« gedeckt werden konnte.

Handelt es sich um keinen Unfall, können Sie aber sehr wohl an gute Züchter geraten. Oft wünschen sie sich Nachwuchs von ihrem eige-

Welpenauslauf im Garten eines Hobby-Züchters.

nen Hund und behalten daher einen der Welpen selbst. Diese Würfe sind meistens geplant und die Besitzer haben sich vorher gründlich informiert.

Im Prinzip gilt das Gleiche, was zu den professionellen Hundezüchtern zu sagen ist, nämlich dass Sie sich ein umfassendes Bild von den Verhältnissen machen müssen und dass auch dem Hobby-züchter daran gelegen sein sollte, seine Hunde nicht irgendwem »quasi im Vorbeigehen« zu vermitteln.

Der Vorteil beim Hobby-Züchter ist, dass Sie ihn meist über die Tageszeitung finden und die Hunde günstiger zu haben sind, als beim professionellen Züchter, da sie keine offiziellen Papiere haben. Ein Hobby-Züchter hat die strengen Auflagen eines Zuchtverbandes und die damit verbundenen Kosten nicht zu erfüllen.

Mehrfacher persönlicher Kontakt mit dem Züchter ist wegen der örtlichen Nähe mit keinem allzu großen Zeitaufwand verbunden.

Andererseits bleiben Sie über Krankheiten oder Gendefekte weitestgehend im Unklaren, es sei denn, es wurden mit beiden Hunden entsprechende Untersuchungen durchgeführt oder die Beteiligten haben sich umfassend über die verschiedenen Zuchtlinien informiert. Das dürfte allerdings die absolute Ausnahme sein.

› Hundebesitzer in Not

Auch hier ist Vorsicht geboten, da zunächst zu klären ist, warum der Hund abgegeben wird.

Problematisch ist, dass Sie den Angaben der Halter vertrauen müssen, ohne zu wissen, ob die vorgetragenen Gründe für die Abgabe auch wirklich zutreffend sind.

Sollte der Hund an sich Schwierigkeiten bereiten (zum Beispiel Aggression gegenüber Hunden und/oder Menschen zeigen), kommt es bei der Entscheidung für oder gegen diesen Hund darauf an, ob Sie bereits genügend Erfahrung im Umgang auch mit schwierigen Hunden haben, um die Probleme in den Griff zu bekommen. Wenn nicht, lassen Sie es besser sein, auch wenn Ihnen der Hund noch so Leid tut. Meistens handelt es sich um keinen Welpen mehr, daher sind Auffälligkeiten oft schwieriger zu beheben. Wollen Sie so einem Hund trotzdem ein neues Zuhause geben, brauchen Sie mitunter viel Geduld und auch mehr oder weniger Geld für Hilfe durch eine Hundeschule oder erfahrene Hundetrainer, die Ihnen bei der Bewältigung der Probleme helfen müssen.

Auch hier führt bei einer unüberlegten Entscheidung der Weg des Hundes oft dann doch ins Tierheim, was Sie vielleicht durch die Übernahme vermeiden wollten.

Liegt der Abgabegrund beim Besitzer (Trennung vom Partner, Allergie, Umzug, etc.) dann kann das eine gute Alternative sein, um einen Hund zu bekommen. Sind die Besitzer ehrlich, werden Sie über die Vorzüge und Macken ausführlich unterrichtet und Sie wissen dann, was auf Sie zukommt. Da es sich in der Regel um keinen Welpen mehr handelt, wird der Hund sich in seinem Wesen wahrscheinlich nicht mehr grundlegend ändern.

Außerdem bleibt Ihnen die zwar sehr schöne aber auch schwierige Welpenzeit (zum Beispiel Sozialisierung und Ausbildung) erspart.

Oftmals brauchen Sie für diese Hunde kein Geld oder nur einen geringen Betrag auszugeben, den ehemaligen Besitzern reicht es aus, den Hund in guten Händen zu wissen.

❯ Welpenvermittler und Massenzüchter

Von diesen Leuten müssen Sie sich unbedingt fern halten, ein Hund aus solch einer »Anstalt« kann zu einem Fiasko führen. Welpenvermittler erkennt man daran, dass sie Welpen vieler verschiedener Hunderassen »im Angebot« haben, die Hündinnen sind meistens gar nicht vor-

handen. Das liegt daran, dass komplette Würfe aufgekauft werden, das Geschäft wird über die Masse gemacht.

Auch diejenigen, die diesen Vermittlern ihre Würfe überlassen, sind verantwortungslose oder zumindest total überforderte Hundehalter, denen das Schicksal ihrer Hunde gleichgültig ist. Gleiches gilt für Massenzüchter, bei denen die Hündinnen zwar meist vorhanden sind, die aber als reine »Gebärmaschinen« missbraucht werden.

Die Welpen (und soweit vorhanden auch die Hündinnen) werden oft in Schweineboxen oder sonstigen Verschlägen gehalten. Ohne Kontakt zu fremden Personen und ohne Umweltreize (akustisch, visuell, taktil und olfaktorisch) wachsen die Welpen dann auf. Eine vernünftige Prägung und Sozialisierung findet praktisch nicht statt.

Das kann fatale Folgen für die weitere Entwicklung der Hunde haben, da sie sich nach der Abgabe in einer für sie vollkommen neuen Umwelt überhaupt nicht zu Recht finden. Die fehlende Prägung und Sozialisierung ist, wenn überhaupt, nur sehr bedingt noch nachzuholen. In der Regel ist die wichtigste Zeit für die spätere Entwicklung des Hundes unwiederbringlich verloren.

Lassen Sie sich durch scheinbar gepflegte Anlagen, hygienische Verhältnisse und nette Verkäufer nicht täuschen, Sie bekommen nur mit sehr viel Glück und aus purem Zufall einen Hund, der nicht schon bald (massive) Verhaltensstörungen zeigt.

Im Vergleich zu anderen Züchtern sind die Hunde vergleichsweise günstig, Sie bekommen sie sofort zum Mitnehmen, ohne weitere Nachfragen. Die Hunde sind zwischen sechs und 20, aber auch bis zu 30 Wochen alt, dabei liegt der optimale Abgabetermin für Welpen zwischen der achten und spätestens zehnten Woche.

Übrig gebliebene Hunde landen oft in der Regentonne oder werden irgendwie anders »entsorgt«. Welpenvermittlern und Massenzüchtern ist es völlig egal, wer einen Hund nimmt und was er mit ihm vorhat. Hauptsache das Geschäft läuft. Leider läuft es viel zu gut, da zu viele Menschen unbedacht und nebenbei einen Welpen »mitnehmen«, ohne an die Verantwortung für die nächsten zehn bis zwölf oder 15 Jahre zu denken und auf diese Machenschaften hereinfallen. Viele dieser armen Hunde landen häufig ihm Tierheim. Entweder, weil die Welpenentwicklung irreparable oder zumindest nur sehr schwer zu beseitigende Schäden hervorgerufen hat, oder die Besitzer nach einiger Zeit feststellen mussten, dass ein Hund doch nicht das Richtige gewesen ist.

› Tierheim

Soll es nicht unbedingt ein Welpe sein, so sollten Sie sich auch in einem Tierheim nach einem Hund umsehen. In der Regel handelt es sich um Hunde, die dem Welpenalter entwachsen sind und aus den verschiedensten Gründen im Tierheim gelandet sind.

Den perfekten und absolut problemlosen Hund werden Sie hier wahrscheinlich nicht finden, die gibt es aber ohnehin selten. Welcher Hund ist schon perfekt? Wichtig ist letztendlich, ob man vermeintlichen Problemen begegnen und einem Hund das bieten kann, was ihn zu einem sozialverträglichen Partner macht.

Mitunter werden einige Stunden in einer Hundeschule oder bei einem Trainer von Nöten sein, um dort vermittelt zu bekommen, wie man evtl. Problemen des Tierheimhundes begegnen kann. Das kostet wieder Geld, dafür ist aber die »Schutzgebühr«, die das Tierheim für die Vermittlung eines Hundes erhebt, verhältnismäßig gering. Da auch viele Rassehunde in den Tierheimen sitzen, kommen Sie normalerweise nirgendwo günstiger zu einem (Rasse-) Hund. Es gibt sehr viele ganz tolle Hunde in den Tierheimen, die wegen Trennung, Allergie, Umzug etc. abgegeben worden sind, deren Vorgeschich-

te den Mitarbeitern im Tierheim also bekannt ist. Vorausgesetzt, sie sind vom vorherigen Besitzer über die wahren Gründe für die Abgabe in Kenntnis gesetzt worden. Oft werden jedoch Ausreden benutzt, bestehende Probleme des Hundes/mit dem Hund werden bewusst verschwiegen. Zum einen, weil es peinlich wäre sein eigenes Versagen einzugestehen, zum Anderen, um die Chance für eine Vermittlung nicht von vornherein zu zerstören (vielleicht hat der Hund bereits mehrfach nach Kindern geschnappt?).

Es kann also passieren, dass Sie letztendlich nicht genau wissen, was mit dem Hund auf Sie zukommt, vor allem dann, wenn es sich um einen Fundhund handelt, dessen Vorgeschichte gänzlich unbekannt ist. Sie kaufen sprichwörtlich die Katze im Sack.

Ein zusätzliches Problem bei Tierheimhunden besteht darin, dass sie häufig ihr »wahres Gesicht« erst nach ein paar Wochen beim neuen Besitzer zeigen, also nachdem sie sich an das neue Zuhause gewöhnt haben. Dann treten plötzlich Probleme auf, die bei der Vermittlung nicht bekannt gewesen sind und die der Hund, froh einen neuen Besitzer zu haben, bisher nicht gezeigt hat. Je sicherer der Hund sich in seinem neuen Zuhause fühlt, desto mehr kommt er aus sich heraus und zeigt seinen eigentlichen Charakter. Hier kann es helfen, einen Hund in Betracht zu ziehen, der in einer Pflegestelle gehalten wird, also bereits Familienanschluss hat. Aber noch einmal: Es gibt sehr viele, charakterlich einwandfreie Hunde im Tierheim. Da ein gut geführtes Tierheim Ihnen sowieso nicht sofort einen Hund mitgibt, sondern auf mehreren Besuchen und gemeinsamen Spaziergängen besteht, sollten Sie sich also mit der Entscheidung ruhig Zeit lassen und den potentiellen Kandidaten möglichst ausführlich kennen lernen. Auch Probeübernachtungen, zum Beispiel am Wochenende, sind nach Rücksprache in der Regel möglich und auch zu empfehlen. Wenn Sie sich nicht sicher sind, ob es denn ein Hund vom

Züchter sein soll oder eben ein Tierheimhund, sollte man auf jeden Fall einmal zum Tierheim gehen. Alle Hunde dort haben eine Chance auf ein gutes Zuhause verdient. Tierheimhunde haben bereits mindestens eine Trennung hinter sich und sind aus dieser Erfahrung heraus oftmals sehr anhängliche und treue Begleiter. Sollten Sie mit einem Welpen aus einem Tierheim liebäugeln, sollten Sie sich ausführlich über die Vorgeschichte der Hunde erkundigen und hinterfragen, was die Mitarbeiter bisher mit den Hunden im Hinblick auf Prägung und Sozialisierung gemacht haben. Nicht selten wird es den Mitarbeitern zeitlich (manchmal auch fachlich) an einer optimalen Aufzucht mangeln, seien sie auch noch so engagiert. Ein Tierheim hat einfach nicht die Möglichkeiten, die ein verantwortungsvoller Züchter mitbringt. Grundsätzlich eignen sich meines Erachtens Tierheimhunde besser für Halter, die bereits Hundeerfahrung besitzen.

Haben Sie sich für einen Tierheimhund entschieden, müssen Sie mit unangekündigten Besuchen der Mitarbeiter rechnen, die sich nach dem Wohlbefinden des Hundes erkundigen wollen. Diese Kontrolle ist als positives Zeichen dafür zu sehen, dass dem Tierheim wirklich an einer guten und dauerhaften Vermittlung gelegen ist.

Diese Gesellen warten im Tierheim auf ihre Vermittlung.

Wichtige Vorbereitungen vor dem Einzug des Hundes

Urlaubs- und Terminplanung

Wohnungseinrichtung

Schlafplatz

Löseplatz

Haftpflichtversicherung

Erstausstattung

Welpenspielstunde/ Hundeschule

Transport im Auto

Urlaubs- und Terminplanung

Haben Sie sich zur Anschaffung eines Hundes entschieden, müssen Sie ein paar Vorkehrungen für die ersten paar Wochen mit dem neuen Familienmitglied treffen.

Gerade wenn Sie sich für einen Welpen entschieden haben, ist es optimal, wenn drei bis vier Wochen Urlaub nach dem Einzug vorhanden sind. Ein Welpe braucht sehr viel Aufmerksamkeit von Ihnen, seine bisherige Familie (Züchter, Mutter, Geschwister) ist von einem auf den anderen Tag nicht mehr da, diesen Familienverband müssen Sie nun ersetzen. Im Hinblick auf seine weitere Entwicklung ist es entscheidend, dass die Sozialisierung liebevoll und konsequent vorangetrieben wird. Das ist nur mit viel Zeit und Geduld möglich und schließlich ist die Welpenzeit mit Abschluss der 16. Woche schon vorbei. Gerade in den ersten Wochen wird auch der Grundstein für Ihre Beziehung zum Hund und die Beziehung Ihres Hundes zu Ihnen gelegt.

Da ein Welpe die ersten Wochen ohnehin nicht länger als zwei Stunden alleine bleiben sollte, ist der Urlaub ideal, um den Welpen stubenrein zu bekommen und Schritt für Schritt an das Alleinebleiben zu gewöhnen. Ein paar freie Tage reichen für diese Übungen in keinem Fall aus.

Da ein Welpe Ihren Tagesablauf maßgeblich beeinflussen wird, sollten Sie für die ersten Wochen auch keine wichtigen Termine vereinbaren. Die Beschäftigung und Sozialisierung des Welpen sollte Vorrang haben.

An einer Kaustange aus Rinderhaut darf Ihr Hund seinen Kaudrang ausleben.

rationsgegenstände, die sich in Reichweite des Welpen befinden. Das dient nicht unbedingt zur Sicherheit des Welpen, schont aber Ihre Nerven, weil er sich damit schon nicht mehr beschäftigen kann.

Zum Schutz des Welpen müssen Sie elektrische Leitungen und Telefonkabel sichern, da er sie mit seinen spitzen Zähnen zerkauen könnte. Auch niedrig angebrachte Steckdosen sollten mit einer Kindersicherung gesichert werden. Kinderspielzeug gehört ab sofort nur noch ins Kinderzimmer, soweit es so klein ist, dass der Welpe es verschlucken könnte (zum Beispiel Legosteine).

Im Prinzip ist es wie mit kleinen Kindern auch. Was denen gefährlich werden kann, kann auch einem Welpen gefährlich werden. Lassen Sie also Gegenstände wie Feuerzeuge nicht achtlos liegen und sichern Sie Schränke, in denen Putzmittel aufbewahrt werden. Topfpflanzen können für Hunde giftig sein (siehe auch unter »Achtung giftig«, Seite 129).

Treppen müssen mit einem Kindergitter gesichert werden, damit der Welpe sie nicht herunterfallen oder -hopsen kann. Das schadet den Knochen und Gelenken (siehe auch unter »Treppen steigen«, Seite 75f).

Wohnungseinrichtung

Da Welpen sehr neugierig sind und ihre Umwelt entdecken wollen, müssen Sie die Wohnung »welpensicher« machen. Teure Teppiche und Standvasen sollten die ersten Wochen besser verschwinden, das Gleiche gilt auch für Deko-

Schlafplatz

Der Hund ist ein Rudeltier und daher widerspricht es seinem Instinkt, von seinem Rudel allein gelassen zu werden oder für längere Zeit von ihm getrennt zu sein. Dies gilt insbesondere für Welpen, die gerade von ihrer Mutter und den Wurfgeschwistern getrennt worden sind, um in ihr neues Zuhause einzuziehen. Diese Trennung löst bei einem Welpen einen kleinen Schock aus, trotzdem wird er sich sehr schnell einem neuen Rudel anschließen, nämlich den neuen Besitzern. Allerdings sollten sich diese in der ersten Zeit auch so verhalten, wie es der Welpe von seinem bisherigen Rudel gewohnt ist. Und dazu gehört, dass der Welpe seinen Schlafplatz in unmittelbarer Nähe zum Besitzer hat. Sollte der Welpe nicht einschlafen können oder immer wieder winselnd aufwachen, reicht es in der Regel schon aus, ihn ein wenig zu streicheln und damit wieder zu beruhigen.

Außerdem bietet die unmittelbare Nähe den Vorteil, dass Sie es auch sofort mitbekommen, wenn der Welpe nachts raus muss, um sich zu lösen.

Das bedeutet übrigens nicht unbedingt, dass der Schlafplatz sich in Ihrem Schlafzimmer befinden muss. Nur sollte einer der Besitzer sich in der ersten Zeit die Mühe machen, dann eben seinen Schlafplatz an der Stelle einzurichten, wo der Welpe schlafen soll.

Ist das Schlafzimmer auch der Schlafplatz des Welpen, umso besser. Man kann ihn später immer noch – wenn auch unter anfänglichen Protesten – an den dann vorgesehenen Schlafplatz gewöhnen. Dazu verlegt man Stück für Stück den Schlafplatz wieder aus dem Schlafzimmer heraus.

Immer wieder werden Welpen am Anfang ins Bad, die Küche, den Keller, die Garage oder sogar in den Zwinger verbannt. Dieses Alleinsein widerspricht den Instinkten eines Rudeltieres und führt vielfach zu Verhaltensproblemen, von mangelnder Stubenreinheit ganz zu schweigen (siehe auch unter »Stubenreinheit«, Seite 80). Studien zu Folge zeigen über 80 % aller dauerhaft in einem Zwinger untergebrachten Hunde Verhaltensprobleme, meist Aggressivität.

Eine vorübergehende Unterbringung für zwei bis drei Stunden in einem Zwinger stellt dagegen kein Problem dar. Bei einer dauerhaften Zwingerhaltung stellt sich mir unabhängig der möglicherweise auftretenden Verhaltensprobleme allerdings die Frage, wozu man sich einen Hund überhaupt anschafft.

Am besten schläft der Welpe die ersten Wochen in einer Kiste, zum Beispiel in einem Umzugskarton oder einer Gitterbox. Zum einen läuft er dann nachts nicht unkontrolliert herum, um sein Geschäft zu verrichten (die wenigsten Hunde beschmutzen ihren Schlafplatz), und

Stabile Hundebox aus Kunststoff in die der Welpe noch »hineinwachsen« kann.

Wie man sich bettet, so schläft man.

noch einen Hund, der nicht wenigstens sechs bis acht Stunden durchschläft, weil Sie dem Drang des Welpen immer sofort nachgekommen sind. Vielmehr sollten Sie das Hinausgehen nach dem Aufwachen des Welpen immer weiter hinauszögern, vielleicht schläft der Welpe nach einer kleinen Streicheleinheit und beruhigenden Worten auch noch einmal ein.

Das ist zwar Ihrer Nachtruhe nicht gerade zuträglich, aber Sie haben in der ersten Zeit ohnehin ein paar schlaflose Nächte. Diese Methode beschert Ihnen auf jeden Fall weniger davon.

Tagsüber sollten Sie dem Welpen ebenfalls einen Platz einrichten, an den er sich zurückziehen kann. Dies kann eine Decke oder ein Körbchen sein, der Platz sollte aber so gewählt werden, dass der Hund nicht ständig, zum Beispiel durch häufiges Vorbeilaufen, gestört wird.

Ein Weidenkorb ist anfangs nicht zu empfehlen, da ihn Ihr Welpe, seinem Kaudrang folgend, mit Genuss in Einzelteile zerlegen wird. Besser ist ein stabiles Kunststoffkörbchen, das sehr leicht sauber zu halten ist. Die Decken sind regelmäßig zu reinigen.

andererseits bekommen Sie sofort mit, unmittelbare Nähe vorausgesetzt, wenn sich in der Kiste etwas regt.

Um den Welpen an das Durchschlafen zu gewöhnen, dürfen Sie nicht bei jedem Aufwachen des Welpen mit ihm sofort hinausgehen. So lernt der Welpe nicht, seinen Drang auch einmal etwas länger anzuhalten, und Sie haben gegebenenfalls auch nach mehreren Wochen

Tagsüber braucht ein Hund einen ruhigen Platz, an den er sich zurückziehen kann.

Man kann einen Welpen auch an eine stabile Kunststoff- oder Gitterbox gewöhnen, eine Kiste für die Nacht kennt er ja schon. Hat man ausnahmsweise einmal keine Zeit, sich um den Welpen zu kümmern, schicken Sie ihn einfach in seine Box. So können Sie sich in aller Ruhe mit anderen Dingen beschäftigen, ohne ständig in Sorge darüber zu sein, was der Racker wohl gerade wieder anstellt.

Es kann sein, dass der Welpe anfangs jammert und jault, weil er nicht in der Box bleiben will. Legen Sie ihm ein Spielzeug und/oder ein Leckerchen hinein und warten erst einmal ab. Fängt er dann an zu protestieren, lassen Sie ihn nicht sofort wieder hinaus (dann hat er sofort erreicht was er will), sondern warten einige Minuten in der Hoffnung, dass er sich beruhigt. Meistens klappt das. Wenn nicht, gehen Sie behutsamer vor. Den Deckel (je nach Modell) herunternehmen und mit dem Hund in der Kiste spielen und zwischendurch ein paar Leckerchen geben. Sie können auch die Futterschüssel in die Box stellen. Wichtig ist, dass Ihr Hund etwas Angenehmes mit der Box verbindet. In der Regel gewöhnt sich ein Welpe schnell an eine solche Unterbringung.

Mit Rindenmulch ausgelegte Ecke im Garten, die als Löseplatz dient.

Löseplatz

Dem Welpen kann ein Löseplatz eingerichtet werden, zum Beispiel im Garten. Dazu legen Sie eine Stelle mit Sand, Kies oder Rindenmulch aus und präparieren diese mit einem Häufchen und/oder mit einem Küchentuch mit aufgesaugtem Urin. Durch die vorhandenen Gerüche wird der Welpe diesen Platz gerne annehmen.

Solange der Welpe noch nicht richtig stubenrein ist, muss er jedes Mal unmittelbar gelobt werden, wenn er sein Geschäft an der gewünschten Stelle gemacht hat. Nur dann kann er das Lob richtig zuordnen (siehe auch unter Tabus setzen, »Belohnung und Bestrafung«, Seite 82ff).

Sie können einen Hund mit der Zeit auch daran gewöhnen, sein Geschäft auf ein Kommando hin zu erledigen. Dazu sollten Sie von Anfang an eine Aufforderung wie »Mach fein« oder »Husch-Husch« benutzen. Der Hund wird bei entsprechenden Wiederholungen seine Handlung mit diesem Kommando verknüpfen. Das kontrollierte Lösen kann in vielen Alltagssituationen sehr nützlich sein, da die Hundehalter dafür verantwortlich sind, wenn ihre Hunde öffentliche Plätze oder Gehwege beschmutzen. Daher sollten Sie für den Fall der Fälle immer eine Plastiktüte o.Ä. bei sich haben, um evtl. Hinterlassenschaften problemlos entfernen zu können.

So ist es richtig. Nach Möglichkeit sollten Sie darauf achten, dass Ihr Hund keine öffentlichen Wege und Plätze beschmutzt.

Haftpflichtversicherung

Erkundigen Sie sich frühzeitig nach einer Hunde-Haftpflichtversicherung, die Deckungssumme sollte mindestens eine Million Euro betragen. Vergleichen Sie mehrere Anbieter, da teilweise erhebliche Preis- und Leistungsunterschiede bestehen.

Sparen Sie hier nicht am falschen Ende. Falls Ihr Hund einen (Auto-) Unfall verursachen sollte, und Sie als Halter dafür haftbar gemacht werden, können erhebliche Kosten auf Sie zukommen (Reparatur-, Krankenhauskosten, Verdienstausfall, Schmerzensgeld etc.).

Ohne eine entsprechende Versicherung könnte das für Sie den Ruin bedeuten. Als Hundehalter ist eine Hundehalterhaftpflichtversicherung genauso wichtig wie die private Haftpflichtversicherung.

Erstausstattung

Vor dem Tag des Einzuges Ihres Hundes sollten Sie bereits einige wichtige Dinge für den täglichen Bedarf eingekauft haben. Erledigen Sie die Einkäufe wirklich vor dem Einzug, das erspart Ihnen den Stress bei der Auswahl im schier unendlichen Repertoire von Hundearti-

kel, wenn der Hund erst mal da ist. Außerdem ist die Wahrscheinlichkeit, etwas Wichtiges vergessen zu haben, geringer.

Was Sie von Anfang benötigen, gehen wir an dieser Stelle einmal kurz durch.

❯ Futter

Besorgen Sie etwas von dem Hundefutter, das Ihr Hund bereits gewohnt ist. Bekommen Sie einen Welpen, wird der Züchter Ihnen für die nächsten Tage eine entsprechende Menge und auch einen Fütterungsplan mitgeben. An den Fütterungsplan müssen Sie sich unbedingt halten.

Kaufen Sie erst eine relativ kleine Menge, falls Sie das Futter umstellen wollen.

❯ Wasser- und Futternapf

Achten Sie bei den Näpfen darauf, dass sie rutschfest und leicht zu reinigen sind. Kunststoffnäpfe bergen bei Welpen die Gefahr des Zernagens, bei dem auch einzelne Teile verschluckt werden könnten. Passen Sie die Größe der Näpfe der Hunderasse an, ein Zwergpudel soll in einem Napf für Bernhardiner ja nicht gebadet werden und soll auch beim Fressen nicht mitten im Futter stehen können. Für Hunde mit

Chromstahlgefäße mit Gummirand lassen sich leicht reinigen und rutschen auf glatten Flächen nicht weg.

besonders langem Behang (Ohren) gibt es spezielle Näpfe, damit die Ohren nicht permanent im Wasser oder Futter hängen.

Grundsätzlich eignen sich Chromstahlgefäße sehr gut. Bei sehr wasserfreudigen Rassen (zum Beispiel Retriever) sollten Sie als Wassernapf ein schweres Ton- oder Steingutgefäß (aus einem Gartencenter) verwenden, da es nicht so leicht umgeworfen oder umhergetragen werden kann.

> Halsband und Leine

Anstelle eines Halsbandes können Sie auch ein (gut gepolstertes) Brustgeschirr verwenden, allerdings eignet es sich für Welpen größerer Rassen nur bedingt, weil es nur in begrenztem Umfang »mitwächst«. Das Gleiche gilt auch für ein Halsband, es ist allerdings günstiger als ein Brustgeschirr. Als Faustregel gilt, dass Ihr Zeige- und Mittelfinger zwischen Halsband und Hals des Hundes passen soll. Dann ist ein Halsband weder zu weit noch zu eng. Gerade für einen Welpen sollten Sie bei Leine und Halsband auf günstige Produkte zurückgreifen. Sie werden wahrscheinlich mindestens ein weiteres Mal diese Anschaffung tätigen, wenn Ihr Hund größer wird und aus seinem Halsband herauswächst, oder er seinem Kaudrang folgend, die ein oder andere Leine zernagt hat. Eine leichte Nylonleine ist für einen Welpen ohnehin erst einmal angenehmer, als die teure Lederleine mit großem und schwerem Karabiner.

Auf die so genannten »Flexleinen« sollten Sie besser verzichten. Diese Leinen, die sich selbstständig ab- und aufrollen, bergen mehrere Gefahren. Reagieren Sie nicht schnell genug, läuft der Hund mehrere Meter, bevor Sie den Stoppknopf drücken konnten. Dies passiert häufig Kindern und älteren Leuten. An einer belebten Ampelkreuzung bin ich schon einmal Zeuge ge-

Praktisch, aber nicht ohne Risiken: Flexleine, die sich automatisch auf- und abrollt.

worden, wie aus diesem Grund ein Hund beinahe überfahren worden wäre.

Wenn sich die Leine um Ihre Beine gewickelt hat und der Hund plötzlich losrennt, kann das im Sommer auf entblößter Haut schmerzhafte Verbrennungen nach sich ziehen.

Haben Sie für einen schweren und kräftigen Hund eine zu dünne Leine, kann diese durchreißen, wenn der Hund in das Ende der Leine rennt. Welche Auswirkungen eine Flexleine grundsätzlich auf das Ziehen des Hundes an der Leine hat, können Sie unter »An der Leine ziehen«, Seite 153ff nachlesen.

> Hundedecke und Körbchen

Hier gibt es eine riesige Auswahl. Wichtig ist, dass die Produkte leicht gereinigt werden können. Als Körbchen haben sich robuste Kunststoffexemplare bewährt, sie sind sehr leicht sauber zu halten und widerstehen weitestgehend auch den Kauattacken eines Welpen. Zwar sind Weidenkörbchen hübscher anzuschauen, für einen Welpen sind sie allerdings denkbar ungeeignet. Er wird rundherum den Rand zerkauen

Ein stabiles Körbchen aus Kunststoff hält Kauattacken eines Welpen gut stand und lässt sich einfach reinigen.

und die spitzen Überreste sind nicht ungefährlich, falls sie dem Hund im Rachen stecken bleiben oder verschluckt werden.

Die Hundedecke sollte saugfähig sein, damit Feuchtigkeit nach einem Spaziergang ins Innere abgeleitet wird, außerdem sollte sie ohne Probleme in die Waschmaschine passen.
Eine Reinigung von Decken und Körbchen muss insbesondere im Hinblick auf evtl. eingeschleppte Parasiten wie Flöhe oder Milben regelmäßig erfolgen.

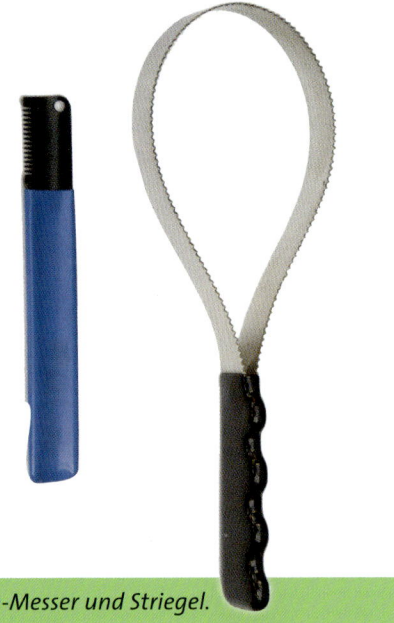

Trimm-Messer und Striegel.

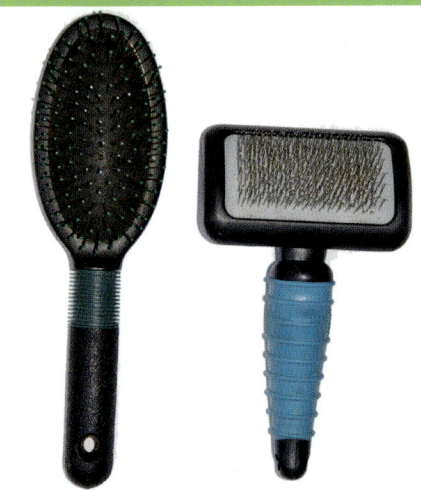

Bürsten für unterschiedliche Fellarten.

❯ Bürste und Kamm

Um Verfilzungen des Felles bei langhaarigen Rassen vorzubeugen und Schmutz aus dem Fell herauszubekommen, benötigen Sie eine Bürste und/oder einen Kamm. Für die verschiedenen Rassen und Fellarten gibt es unterschiedliche Bürsten und Kämme, Ihr Züchter oder der Fachhandel wird Sie beraten.

Eine Zeckenzange gehört in jeden Haushalt.

❯ Zeckenzange und Flohkamm

Damit Sie Ihren Hund von Zecken befreien, oder nach Flöhen untersuchen können, sollten Sie sich eine Zeckenzange und einen Flohkamm zulegen (siehe auch unter »Hygiene und Gesundheit«, Seite 123).

Mit einem Flohkamm kann Flohbefall festgestellt werden.

❯ Pappkarton oder Hundebox für die Nacht

Um einen Welpen nachts sicher unterbringen zu können, besorgen Sie sich einen der Größe des Welpen entsprechenden Pappkarton oder eine stabile Hundebox. Als Karton eignen sich Umzugskartons oder Verpackungen von Elektrogeräten, die Sie bei einem Elektrohändler umsonst bekommen können.

❯ Sicherung für das Auto

Für den Transport im Auto benötigen Sie entweder eine stabile Hundebox, die im Fond oder Laderaum verankert wird, oder ein Brustgeschirr für den Hund, falls er ohne Box transportiert werden soll (siehe auch unter »Transport im Auto«, Seite 66f). Mit dem Brustgeschirr wird der Hund auf dem Rücksitz oder im Laderaum angeleint.

Geräumig und sicher: In einer stabilen Transportbox ist ein Hund im Auto gut aufgehoben.

❯ Kindergitter

Sie müssen vorhandene Treppen verbarrikadieren, damit Ihr Welpe sie nicht unkontrolliert hinauf- und herunterrennen kann (siehe auch unter »Treppen steigen«, Seite 75f). Entweder Sie basteln sich Entsprechendes oder greifen auf Kindergitter zurück. Es gibt sie natürlich zu kaufen, aber oft haben Verwandte oder Bekannte so etwas noch im Keller oder auf dem Dachboden herumliegen.

❯ Spielzeug

Kaufen Sie Ihrem Hund ein paar Spielzeuge. Für Welpen sind Seile und Gegenstände aus Hartgummi gut geeignet. Seile dürfen ruhig zerkaut werden, Spielzeuge aus Hartgummi halten auch Welpenzähnen lange stand. Auch einen

Zugängliche Treppen müssen für den Welpen gesichert werden, zum Beispiel mit einem Kindergitter.

Kauknochen aus Rinderhaut sollten Sie einem Welpen zur Verfügung stellen, damit er möglichst keine anderen Sachen zerstört. Wichtig ist, dass Ihr Hund sich an spitzen Gegenständen nicht verletzten kann.

Lassen Sie nicht immer alle Spielzeuge liegen, sondern maximal zwei. Nach zwei Wochen Wegsperren wird bereits langweilig gewordenes Spielzeug plötzlich wieder interessant.

❯ Notfallset

Falls Ihr Hund sich einmal verletzen sollte, müssen Sie Mullbinden, Verbände und Desinfektionsmittel griffbereit haben. Normalerweise hat jeder solche Dinge im Haushalt, zum Beispiel im Verbandskasten vom Fahrzeug.

Um im Fall der Fälle gut gerüstet zu sein, empfehle ich Ihnen dringend, möglichst schnell an einem Erste-Hilfe-Seminar für Hundehalter teilzunehmen. Dort bekommen Sie wichtige Handgriffe und Verhaltensregeln für den Notfall vermittelt. Angebote finden Sie im Internet oder in Hundezeitschriften.

Welpenspielstunde/ Hundeschule

Bevor ein Welpe bei Ihnen einzieht, sollten Sie sich nach einer gut geführten Welpengruppe umsehen. Da, wie bereits erläutert, die ersten 16 Wochen für die weitere Entwicklung Ihres Hundes entscheidend sind, sollten Sie unter fachkundiger Anleitung die Sozialisierung Ihres Hundes im Rahmen einer Welpengruppe vorantreiben. Hier werden viele verschiedene Übungen für die weitere Sozialisierung Ihres Welpen auf seine Umwelt gemacht, und er bekommt Gelegenheit, andere Welpen kennen zu lernen und mit ihnen umzugehen.

Welpenspielgruppen und Hundeschulen schießen in den letzten Jahren wie Pilze aus dem Boden, aber längst nicht alle sind zu empfehlen. Da Sie sich hoffentlich ausführlich und gewissenhaft um die Herkunft Ihres Welpen gekümmert haben, sollten Sie nicht den Fehler begehen, jetzt die erstbeste Hundeschule auszuwählen,

Hier machen Welpen Erfahrungen mit einer knisternden und glatten Folie.

Aufenthalt in einer Menschenmenge unter einer wehenden Plane.

nur weil sie für Sie zum Beispiel schnell zu erreichen oder besonders günstig ist. Die falsche Wahl einer Welpengruppe kann die Sorgfalt bei der Auswahl Ihres Welpen schnell zunichte machen, wenn die Trainer einer Hundeschule nicht die nötige fachliche Kompetenz besitzen. Dabei sollten Sie nicht zuerst auf die Kosten sehen. Teuer ist nicht immer gut, sehr günstig nicht immer schlecht. Besuchen Sie im Vorfeld mehrere Hundeschulen und machen Sie sich ein umfassendes Bild über die jeweiligen Trainer und die Abläufe der Übungsstunden. Gute Hundeschulen lassen sich gerne »in die Karten schauen« und freuen sich über Ihren Besuch. Nachfolgend gebe ich Ihnen ein paar Hinweise, auf die Sie bei der Suche nach einer guten Welpengruppe/Hundeschule achten sollten, bzw. woran Sie diese erkennen können.

Fragen Sie die Trainer nach ihrer Qualifikation. Zwar gibt es keine (staatlich) anerkannte Ausbildung zum Hundetrainer, aber der bloße Hinweis, man habe selber seit vielen Jahren Hunde groß gezogen, sollte Ihnen in keinem Fall ausreichen.

Eine gewissenhafte Hundeschule wird den Impfpass kontrollieren, bevor der Hund am Training teilnehmen darf. Auch zur Sicherheit des eigenen Hundes sollten Sie hierauf achten. Die Gruppen sollten maximal sechs Hunde umfassen, es sei denn, es steht mehr als ein Trainer mit auf dem Übungsgelände. Gruppen mit 15 oder mehr Hunden bei einem einzigen Trainer sind keine Seltenheit, aber kein noch so guter Trainer kann in so einem Gewusel die Übersicht behalten und notfalls korrigierend eingreifen. Außerdem ist die zur Verfügung stehende Zeit pro Hund und Halter viel zu knapp bemessen (60 Minuten Übungsstunde: 15 Hunde = vier Minuten pro Hund). Eine eingehende Beschäftigung mit jedem Halter ist unmöglich.

Gerade in Bezug auf das Spielen in einer Welpengruppe müssen Sie darauf achten, dass möglichst nur gleichaltrige Welpen in einer Gruppe zusammen sind. So sollten acht oder neun Wochen alte Welpen nicht mit Welpen herumtoben, die bereits 15 Wochen und älter sind, da diese schon wegen ihrer Größe viel grober miteinander umgehen. Das kann für einen sehr jungen Welpen zum Trauma werden, wenn dieser den Älteren nicht gewachsen ist und ständig »gemobbt« wird. Vielfach sieht man Welpengruppen, in denen auch Junghunde bis zu einem Alter von einem Jahr mitlaufen. Lassen Sie sich zum Wohl Ihres Welpen auf keinen Fall auf solch eine Konstellation ein. Gut sozialisierte ältere Hunde sollten zwischendurch aber immer mal wieder in einer Welpengruppe mitlaufen.

Die Trainer sollten beim Spiel der Welpen gezielt eingreifen, um Mobbing zu unterbinden. Zwar ist es für einen Laien mitunter schwer zu erkennen, was noch Spiel ist und wo Mobbing eigentlich anfängt. Die Aussage eines Trainers: »Das machen die schon unter sich aus« oder »Da muss er durch«, dürfen Sie jedenfalls nicht einfach hinnehmen. Ein erfahrener Trainer

»Titus«, zehn Jahre alt, mit Labrador-Retriever-Welpen.

Erste Begegnung mit einem Pferd.

Mischlingswelpe im Welpenspielcenter.

kennt die Unterschiede und sollte entsprechend eingreifen und Ihnen die Situation auch erklären können.

Welpenspielstunde darf nicht bedeuten, dass tatsächlich nur gespielt wird. Vielmehr sollten in einer Welpenspielstunde verschiedene Übungen gemacht werden, bei denen die Reize Ihres Welpen angesprochen werden und ihn so mit seiner Umwelt vertraut machen. Dazu gehören optische Reize wie Regenschirme, Flatterbänder, Fahrradfahrer oder Rollstuhlfahrer.

Mit Rasseln, Klapperdosen, Geräusche-CD, Schüssen oder Rasenmäher, werden die Welpen mit akustischen Reizen konfrontiert. Dazu kommen verschiedene Untergründe (Rasen, Steine, Schotter, Metall, Folie, Bällebad) und auch Übungen, wie über einen Steg

oder eine (flache) Steilwand führen und durch einen Tunnel locken. Auch Ausflüge außerhalb des Trainingsgeländes gehören zum Repertoire.

Der Phantasie der Trainer sind kaum Grenzen gesetzt. Erste Gehorsamsübungen wie Sitz, Platz und Herankommen, sollten ebenso vermittelt werden, wie theoretische Grundlagen zur Hundehaltung und Erziehung.

Von Kynologen entwickeltes Welpenspielcenter.

»Verkleideter« Trainer mit Rasseln in der Welpenschule.

Ein Rauhaardackel-Welpe im Stangenmikado, das fördert die Koordination.

»Wassertreten« eines Jack Russell Terrier-Welpen.

Taktiler Reiz: Bewegung im »Bällebad«.

Die Trainer sollten ihren Kunden immer mit Rat und Tat zur Seite stehen, auf alle individuellen Probleme gerne eingehen und mit viel Geduld auf die Fragen ihrer Kursteilnehmer antworten. Beobachten Sie die Trainer möglichst auch im Umgang mit ihren eigenen Hunden, das gibt vielfach gute Aufschlüsse darüber, wie es um das Verhältnis und die Einstellung eines Trainers zu (seinen) Hunden tatsächlich bestellt ist. Insgesamt sollten Sie ein gutes Gefühl bei der Wahl der Hundeschule haben und immer gerne zum Training gehen. Drill und Kasernenhofmentalität müssen bei der Hundeausbildung und -erziehung der Vergangenheit angehören.

Transport im Auto

Ein Hund muss immer so im Auto transportiert werden, dass bei der Fahrt oder einem Unfall von ihm keine Gefahr für die Insassen ausgeht. Er selber soll sich natürlich auch nicht verletzen. Der Transport auf dem Beifahrersitz oder bei kleinen Hunden auf der Hutablage ist daher die schlechteste Variante und im Übrigen auch verboten.

Bis zu einer gewissen Größe ist ein Hund im Fußraum des Beifahrers am besten aufgehoben, vorausgesetzt, er bleibt dort auch zuverlässig liegen.

Der Transport im Kofferraum eines Kombis ist dann möglich, wenn sichergestellt ist, dass der Hund bei einem Auffahrunfall nicht zum Geschoss wird und bis zu den vorderen Sitzen fliegt. In diesem Zusammenhang weist der ADAC daraufhin hin, dass bei einem Hundegewicht von 20 Kilogramm und einer Aufprallge-

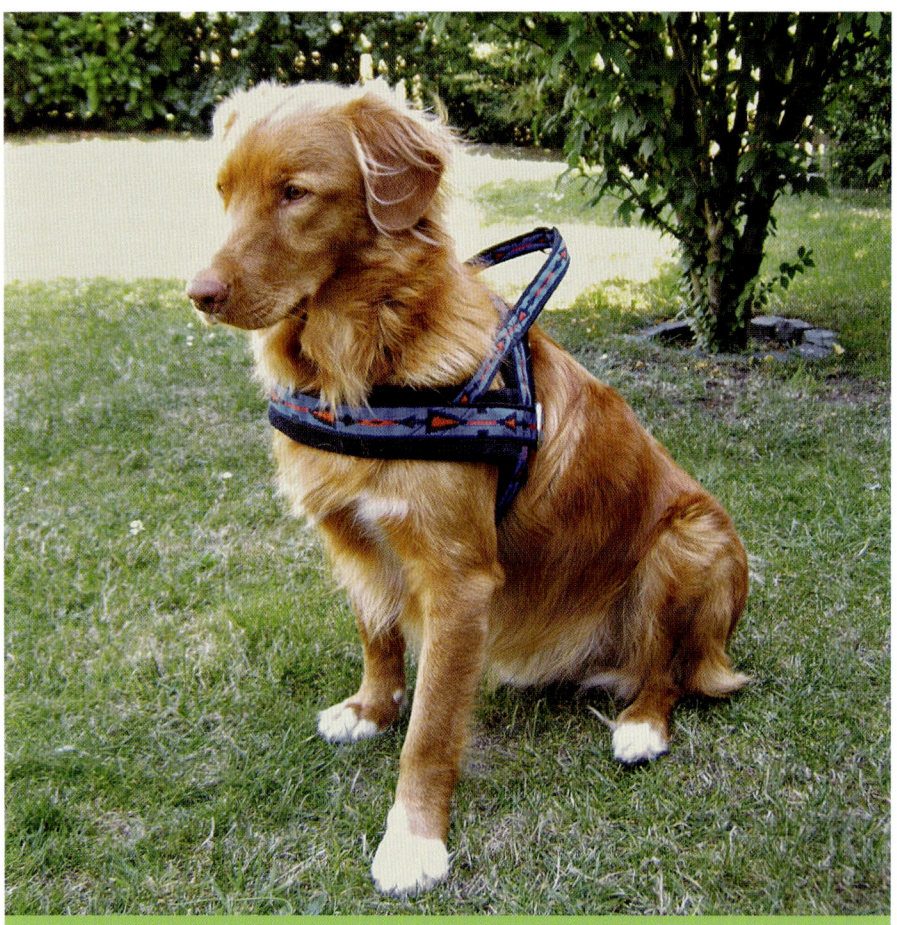

Zum Anschnallen auf der Rückbank: Ein gut gepolstertes Brustgeschirr.

Wenn man ein Gitter einbaut, muss gesichert sein, dass es fest mit der Karosserie verbunden ist.

schwindigkeit von 35 km/h ein Hund die Rückbank eines Kombis durchbrechen und Fahrer, Beifahrer und Fondsinsassen erheblich verletzten kann. Trennnetze oder die im Fachhandel erhältlichen Gitter verhindern letztendlich nur, dass der Hund aus dem Kofferraum weiter nach vorne klettern kann. Bei einem Unfall sind sie meist unwirksam.

Der Hund ist im Laderaum also möglichst gut zu sichern. Entweder mittels einer stabilen Transportbox oder durch Anbinden mittels einer Leine, sofern entsprechende Halterungen/Ösen vorhanden sind.

Wird der Hund angebunden, ist auf jeden Fall ein gut gepolstertes Brustgeschirr, (im Fachhandel erhältlich) zu verwenden, nicht ein normales Halsband. Mit einem Brustgeschirr, das dann am Sicherheitsgurt befestigt wird (Vorrichtung im Fachhandel erhältlich), kann der Hund auch auf der Rückbank sicher transportiert werden. Einen Hund im geschlossenen Kofferraum einer Limousine zu transportieren ist schlichtweg Tierquälerei, habe ich aber selber schon erlebt. Im erlebten Fall wurde zwar ein kleiner Spalt offengelassen, das hatte aber zur Folge, dass der Hund permanent die Abgase einatmete. Als ich das endlich herausfand, war mir auch klar, warum der Hund überhaupt nicht gerne Auto fuhr und zur Verwunderung seines Besitzers immer in den Kofferraum erbrochen hat.

Die meisten Hunde fahren allerdings sehr gerne Auto, vor allem, wenn sie durch den Züchter schon daran gewöhnt worden sind. Es gibt aber auch Ausnahmen, und ihnen wird teilweise so übel, dass sie sich übergeben müssen, oder sie haben unangenehme Erfahrungen (Unfall) mit dem Autofahren gemacht (siehe auch unter »Wenn der Hund nicht gerne Auto fährt«, Seite 155ff). Generell sollten Sie vor Autofahrten dem Hund nichts oder nur sehr wenig zu fressen geben. Mit vollem Magen wird einem Hund durch die Schaukelei schneller übel als mit leerem Magen. Wasser sollten Sie immer dabei haben.

Ein Hund zieht ein

Das Abholen des Hundes

Für den großen Tag sollten Sie reichlich Zeit einplanen. Gerade wenn Sie einen Welpen von einem Züchter bekommen, sind vor Ort noch verschiedene Dinge wie die Übergabe der Papiere, das Unterzeichnen des Kaufvertrages und die Besprechung des Fütterungsplanes zu erledigen. Außerdem wird der Züchter sich von seinem lieb gewonnenen Hund gebührlich verabschieden wollen. Dies alles braucht Zeit und sollte in aller Ruhe und ohne Hektik geschehen. Zum Abholen eines Welpen muss immer eine Begleitperson mitkommen, denn der Welpe sollte während der Autofahrt auf dem Schoß transportiert werden. Der Mitfahrer kann auf diese Weise den Welpen beruhigen, denn der Kleine wird wahrscheinlich nicht sehr begeistert davon sein, plötzlich aus seiner gewohnten Umgebung herausgerissen und von der Mutter und seinen Wurfgeschwistern getrennt zu werden. Sollte Ihr Welpe während der Fahrt dauerhaft gähnen, jammern oder speicheln, legen Sie eine Pause ein. Der Welpe zeigt damit vorhandenes Unwohlsein und Stress an. Etwas abseits vom Verkehrslärm spielen Sie mit ihm eine Weile, so dass er sich von seinem Schicksal ablenkt. Bei längeren Fahrten sollten Sie ohnehin regelmäßig eine Pause machen, damit der Welpe sich lösen kann und zum gemeinsamen Spielen. Aber aufpassen an Autobahnrastplätzen. Hier kann man den Welpen nicht ohne Leine laufen lassen oder spielen, wenn er erschrickt und in Panik wegrennt, kann er in ein Auto laufen! Denken Sie für den Transport an eine Decke für Ihren Schoß sowie an Wasser und eine Küchenrolle, falls der Welpe sich übergeben muss. Wenn Sie dann glücklich zu Hause angekommen sind, sagen Sie dem Züchter Bescheid, ihn interessiert es auch, ob alles gut gegangen ist.

Zu Hause angekommen

Zuerst bringen Sie Ihren Hund auf den vorgesehenen Löseplatz und warten, bis er sich gelöst hat. Loben natürlich nicht vergessen. Danach bringen Sie ihn ins Haus und lassen ihn die neue Umgebung erkunden. Weitere Familienmitglieder sollten sich erst einmal etwas zurückhalten, auch wenn das natürlich schwer fällt. Da der Welpe ohnehin sehr aufgeregt sein wird, sollte man ihn jedoch nicht zusätzlich durch überschwängliche Begrüßungsorgien verunsichern. Seien Sie wirklich behutsam, der Welpe wird einige Zeit brauchen, um sich mit den vielen und völlig neuen Eindrücken vertraut zu machen. Ungewohnte Gegenstände, Gerüche, Personen, räumliche Verhältnisse prallen auf den Welpen ein und müssen erst einmal verarbeitet werden. Nach einiger Zeit geben Sie dem Welpen etwas zu fressen (auf den Fütterungsplan achten) und bringen ihn anschließend wieder zum Löseplatz (siehe auch unter »Stubenreinheit«, Seite 80). Nach einer Schlafpause oder einem gemeinsamen Spiel geht es wieder zum Löseplatz. Wenn der Welpe eine Schlafpause einlegt, lassen Sie ihn sich dort hinlegen, wo es ihm gefällt.

FAMILIENZUWACHS

Wenn bereits ein Hund zum Haushalt gehört, sollte das erste Aufeinandertreffen der Hunde auf möglichst neutralem Boden stattfinden, also auf keinen Fall im Haus oder Garten. Der schon vorhandene Hund braucht dadurch sein Territorium nicht gegen einen fremden Eindringling zu verteidigen. Dieser Rat gilt auch, wenn ein Welpe neu einzieht, da es einen generellen Welpenschutz nicht gibt (siehe auch unter »Welpenschutz«, Seite 77).

Wichtig ist erst einmal, dass er sich wohl fühlt. Den vorgesehenen Ruheplatz wird er später schon noch aufsuchen.

Bevor Sie die Nachtruhe einläuten, bringen Sie den Welpen noch einmal zum Löseplatz.

Die ersten Tage

Gerade einem Welpen muss in den ersten Tagen Ihre volle Konzentration gewidmet sein. Er hatte bisher immer Kontakt zu seiner Mutter und den Geschwistern, diesen Kontakt müssen Sie nun ersetzen. Das heißt nicht, dass Sie rund um die Uhr mit ihm spielen sollen, aber sie müssen sich schon sehr intensiv mit dem Neuankömmling beschäftigen.

Vergessen Sie nicht, vom ersten Tag an immer wieder Fotos von Ihrem Welpen zu machen, damit Sie seine körperliche Entwicklung auch später noch nachvollziehen können.

Im Prinzip werden die ersten Tage nach folgendem Muster ablaufen: Nach der Nachtruhe zum Löseplatz bringen – spielen – Löseplatz – füttern – Löseplatz – ruhen – Löseplatz – spielen – Löseplatz – füttern – ruhen und so weiter bis zur Nachtruhe. Der Welpe wird also massiv Ihren Tagesablauf beeinflussen. Daher hatte ich Ihnen bereits geraten, alle wichtigen Termine bei Ankunft des Welpen erledigt und möglichst ein paar Tage Urlaub zu haben.

Wenn Sie mit Ihrem Welpen spielen (siehe auch unter »Richtiges Spielen«, Seite 102ff), achten Sie darauf, dass der Untergrund nicht zu glatt ist. Fliesen- oder Parkettböden bergen einige Verletzungsrisiken, spielen Sie also möglichst auf einem (alten) Teppich oder dem Rasen.

Zwischendurch können Sie ruhig versuchen, tägliche Routinearbeiten zu verrichten, lassen Sie den Welpen dabei jedoch nie aus den Augen. Das ist wichtig im Hinblick auf die Stubenreinheit und die Sicherheit Ihres Welpen. Nicht abgesicherte Stellen wie zum Beispiel Strom-

Ein Welpenbesitzer beim Versuch, seinen Welpen zu fotografieren.

kabel entdecken Sie trotz guter Vorbereitung vielleicht erst jetzt, da der Welpe wirklich da ist. Den Welpen sich zwischendurch auch einmal sich selbst zu überlassen, hat den Vorteil, dass er lernt, sich mit sich selbst zu beschäftigen. Aber wie gesagt: Augen auf! Auch mit herumliegenden Schuhen wird sich Ihr Hund nur zu gerne beschäftigen, wenn Sie nicht aufpassen. Sehr wichtig ist auch die Einhaltung der Ruhephasen, ein Welpe braucht ca. 15–18 Stunden Schlaf, damit er sich zu einem gesunden und belastbaren Hund entwickeln kann. Entweder Sie bleiben dann zum Beispiel nach einer Spiel-

BOXENSTOP

Den in einer Box ruhenden oder spielenden Welpen sollten Sie nicht ansprechen, da er das als Beendigung der Ruhepause auffassen könnte. Bekommt er dann seinen Willen nicht, geht sofort das Geheul los. Lassen Sie ihn in einem solchen Fall unbedingt nicht sofort aus der Kiste. Lenken Sie ihn zum Beispiel mit einem Spielzeug ab, bis er sich wieder beruhigt hat. Andernfalls lernt Ihr Welpe, dass er nur genügend Lärm machen muss, um wieder aus der Kiste herauszukommen.

phase bei Ihrem Welpen, bis er eingeschlafen ist, oder Sie bringen ihn in einer Box unter. Zum Beispiel in der Schlafbox (Pappkarton) oder in einer speziellen Hundebox, aus denen er nicht von alleine heraus kann. Ein Pappkarton muss so groß sein, dass der Welpe nicht herausklettern kann. Ideal sind Gitterboxen, da der Welpe an allen Seiten heraussehen und seine Umgebung im Blick behalten kann. Legen Sie ihn mit einem Spielzeug oder einem Kauknochen hinein und überlassen ihn sich selbst. Vielleicht protestiert er kurz, die Müdigkeit wird ihn aber schnell übermannen.

Damit sich der Welpe nicht so sehr alleine fühlt, können Sie ein getragenes T-Shirt mit in die Box legen.

Die ersten Tage sollte sich Ihr Welpe möglichst nur im Haus und dem Garten aufhalten. Der fehlende Welpenverband und die vielen neuen Eindrücke belasten einen Welpen und er muss sich langsam an die neue Familiensituation und

Beim Besuch im Bahnhof ...

den anderen Lebensraum gewöhnen. Den Welpen von Beginn an überall mit hinzunehmen, kann ihn überfordern. Halten Sie sich also zurück, sie haben noch genügend Zeit, voller Stolz Ihren Welpen überall (vor-)zuzeigen.

Daher sollten auch Verwandtenbesuche und Spaziergänge erst nach ein paar Tagen Eingewöhnung stattfinden. Bei Spaziergängen ist zusätzlich darauf zu achten, dass der Welpe nicht an anderen Hundehaufen schnüffelt, denn diese können Krankheitskeime enthalten. Die bereits durchgeführte erste Impfung stellt nur eine Grundimmunisierung dar, das Immunsystem des Welpen ist noch sehr anfällig (siehe auch unter »Impfungen«, Seite 120f).

Nach dieser Eingewöhnungszeit machen Sie dann kurze Spaziergänge, auf denen Ihr Hund die Nachbarschaft und auch deren Hunde kennen lernt. Auch hier gilt wie beim Spielen: Mehrere kurze Spaziergänge (ein paar hundert Meter) sind viel besser als wenige lange.

Nach ein paar Tagen sollten Sie dann auch die Welpenspielstunde besuchen.

Lassen Sie sich nicht von den Angaben einiger (weniger) Tierärzte verunsichern, die davon abraten, bereits vor der zweiten Impfung die

VORSICHT MAGENDREHUNG

Etwa zwei Stunden vor der Übungsstunde sollte Ihr Hund nichts mehr fressen, da sich Welpen beim Toben gerne übergeben. Bei sehr großen Rassen besteht auch die Gefahr einer Magendrehung. Wird diese nicht innerhalb weniger Stunden behandelt, verendet der Hund qualvoll.

MEIN TIERARZT, MEIN FREUND

Besuchen Sie Ihren Tierarzt bereits vor dem nächsten Impftermin. Ihr Hund kann so in entspannter Atmosphäre den Tierarzt kennen lernen und positive Erfahrungen sammeln. Beim folgenden Termin wird er gerne mitkommen.

Hundeschule zu besuchen. Sie verweisen dabei auf den noch mangelhaften Impfschutz. Zum einen verkennen diese Tierärzte dabei, dass wichtige Wochen der Sozialisierung verloren gehen, wenn der Welpe erst mit 12 oder sogar 14 Wochen die Hundeschule besuchen soll. Zum anderen sind alle anderen Welpen in der gleichen Situation und in der Regel gibt es hiermit überhaupt keine Probleme. Eine gewissenhafte Hundeschule kontrolliert daher den Impfpass jedes Hundes, bevor dieser teilnehmen darf, damit das Vorhandensein der ersten Impfung sicher gestellt ist. Zur Hundeschule sollten Sie immer alte Handtücher mitnehmen, damit Sie nach der Übungsstunde bei nasser Witterung Ihren Welpen etwas abtrocknen können.

Langsam wird es dann auch Zeit, den Tierarzt Ihres Vertrauens aufzusuchen. Gehen Sie einfach nur so dort vorbei und lassen Sie Ihren Hund den Tierarzt in entspannter Atmosphäre kennen lernen. Findet der Besuch erst zur nächsten Impfung statt und Ihr Welpe findet eine Spritze überhaupt nicht komisch, können die folgenden Tierarztbesuche für Sie und ihn zu einer echten Belastung werden.

Bei längeren Spaziergängen muss der Hund auch schon mal getragen werden, damit er sich nicht überanstrengt.

Spazieren gehen

Der Hund als Rudeltier achtet in der Regel darauf, sein Rudel nicht aus den Augen zu verlieren und ihm überall hin zu folgen. Der bis zur etwa zehnten Woche vorhandene extreme Nachlauftrieb eines Welpen sollte also unbedingt schon für das Herankommen auf Zuruf genutzt werden (siehe auch unter »Das Kommando Hier«, Seite 87f).

Das reine Spazierengehen darf aber auf keinen Fall übertrieben werden, da es für einen Welpen sehr anstrengend ist und er sehr schnell ermüdet. Das Problem ist, dass die meisten Besitzer eine Überanstrengung und Ermüdung nicht wahrnehmen. Der Welpe läuft schließlich immer noch hinter ihnen her. Was soll er aber auch anderes machen? Er will sein Rudel ja nicht verlieren, also bleibt er um Anschluss bemüht. Er zeigt seine vorhandene Erschöpfung nicht an. Dauernde Überanstrengung kann jedoch schwere Gelenkprobleme hervorrufen. Die Knochen sind noch sehr weich, Sehnen und Muskulatur noch nicht entsprechend ausgebildet. Als Faustregel gilt daher, dass ein Welpe pro Lebenswoche nur eine Minute am Stück spazieren gehen sollte. Ein acht Wochen alter Welpe also acht bis zehn Minuten, maximal 15 Minuten. Ein 16 Wochen alter Hund ca. 20 Minuten, maximal eine halbe Stunde. Dauert ein Spaziergang mal länger, tragen Sie Ihren Hund. Sie werden schon merken, ob er wieder herunter will.

Das heißt aber auch, dass Sie nicht mehrmalige Spaziergänge unternehmen sollen, seien sie auch im zeitlichen Rahmen. Zwei Spaziergänge täglich sind genug. Mit dem Welpen spielen sollten Sie allerdings so oft wie möglich (siehe auch unter »Richtiges Spielen«, Seite 102ff). Es fördert die Bindung zum Besitzer, allerdings muss auch hier auf die richtige Dosierung geachtet werden.

Manche Welpen wollen partout nicht mit spazieren gehen und bleiben einfach sitzen. Kein gutes Zureden und Locken funktionieren. Meistens tritt dieses Phänomen bei sehr jungen Welpen auf. Sie haben einfach noch Angst vor der großen weiten Welt und wollen lieber in ihrer »sicheren« Umgebung dem Garten oder der Wohnung bleiben.

Dieses Verhalten legt sich mit der Zeit, wenn Sie richtig reagieren. Geben Sie der »Sitzblockade« nach, werden Sie auch später Ihren Hund nicht zu einem Spaziergang bewegen können. Also werden Sie sanft aber bestimmt an der Leine ziehen, so dass sich Ihr Hund in Bewegung setzen muss. Sobald er das tut, reden Sie ihm gut zu und locken ihn z.B. mit einem Leckerchen weiter. Das Lieblingsspielzeug hilft oft auch, beides wird dem Hund aber erst präsentiert, wenn er ein paar Schritte gemacht hat. Seien Sie konsequent und Ihr Hund wird die Spaziergänge nach kurzer Zeit mit Ihnen genießen.

Treppen steigen

Ein Hund ist mit etwa einem Jahr körperlich ausgewachsen, abgesehen von sehr großen und sehr kleinen Rassen. Erst dann ist der Hund körperlich voll belastbar.

Das Herauf- und Herunterlaufen von Treppen sollte dem Welpen und Junghund daher so weit wie möglich versagt werden. Hier findet eine unnatürliche Belastung des Bewegungsapparates statt, was Spätfolgen haben kann. Treppen sollten für den Hund bis zum Alter von einem Jahr tabu sein. Bis zu diesem Alter sollten Hunde möglichst getragen werden, wenn es Treppen hinauf- oder heruntergehen soll. Für den Welpen und Junghund zugängliche Treppen müssen abgesperrt werden, zum Beispiel mit einem Kindergitter. Auf jeden Fall sind unkontrolliertes Herauf- und Herunterrennen zu unterbinden. Kann der Hund ab einem bestimmten Zeitpunkt

Lässt sich das Treppensteigen nicht vermeiden, ist der Hund anzuleinen, damit der Halter das Tempo bestimmen kann.

wegen seiner Größe oder seines Gewichtes nicht mehr getragen werden, ist er an der Leine zu führen, damit der Besitzer das Tempo bestimmen kann – nämlich langsam.

Gleiches gilt für das Heraus- und Hereinspringen in den Kofferraum eines Autos. Auch dieses ist bis zu einem Alter von einem Jahr möglichst zu vermeiden. Es sei denn, es handelt sich um ein Modell mit sehr niedriger Ladekante. Selbstverständlich ist ebenso darauf zu achten, dass ein Hund nicht aus dem Auto springt, sobald sich eine Tür öffnet. Er soll so lange warten, bis er ein entsprechendes Kommando bekommt.

Die beiden warten darauf, das Auto auf Kommando verlassen zu dürfen.

Welpenschutz

Die immer noch weit verbreitete Aussage, einem Welpen drohe von einem erwachsenen Hund keine Gefahr, weil er ja schließlich noch Welpenschutz hätte, ist schlicht und einfach falsch.

Betrachtet man ein Wolfsrudel, genießen die Welpen tatsächlich einen Welpenschutz und dürfen sich gegenüber den Rudelmitgliedern eine Menge herausnehmen. Das gilt aber nur innerhalb des Rudels. Fremde Welpen werden in der Regel getötet.

Unsere Hunde sind natürlich keine Wölfe. Aber viele ihrer Verhaltensweisen haben sich aus dem Verhalten ihrer Vorfahren direkt entwickelt. Deswegen wird ein Welpe kaum von einem fremden Hund sofort getötet, aber ein fremder Hund muss keinen Welpenschutz beachten. Diese Regel gilt, wie gesagt, nur im eigenen Rudel. Ein gut sozialisierter erwachsener Hund wird die von einem Welpen ausgesandten Beschwichtigungssignale in der Regel aber als solche erkennen und sich dementsprechend freundlich verhalten. Es gibt allerdings auch Hunde, die Welpen schlicht und einfach nicht mögen. Letztendlich versucht der Welpe, sich durch Beschwichtigungssignale selber zu schützen.

Einen gut sozialisierten Hund macht jedoch auch aus, dass er sich nicht alles von einem Welpen gefallen lässt.

Wird der Welpe zu frech, muss dieser damit rechnen, dass er deutlich in seine Schranken verwiesen wird. Das kann dann für einen unerfahrenen Hundebesitzer gefährlicher aussehen und sich schlimmer anhören, als es in Wirklichkeit ist.

Ein schlecht sozialisierter Hund oder einer, der Welpen nun gar nicht mag, kann für einen jungen Hund zu einer ernsten Gefahr werden. Beschwichtigungssignale werden dann als solche eventuell nicht erkannt oder falsch gedeutet, was zu aggressivem Verhalten gegenüber dem Welpen führen kann. Kommt eine schlecht ausgeprägte Beißhemmung (siehe auch unter »Beißhemmung«, Seite 112ff) hinzu, sind Verletzungen des Welpen nicht auszuschließen.

Nicht jeder erwachsene Hund mag Welpen ...

Erste Lernschritte

Stubenreinheit

Halsband und Leine

Tabus setzen, Belohnung und Bestrafung

Das Kommando »Hier«

Stubenreinheit

Welpen, die bei einem guten Züchter aufgewachsen sind, werden sehr leicht stubenrein. Ein Welpe, der bis zum Alter von acht Wochen bei seiner Mutter war, hat schon gelernt, seinen Schlafbereich zu verlassen, wenn er sich erleichtern muss. Welpen sind instinktiv sauber und nur wenige werden ihren Schlafbereich beschmutzen.

Ein Welpe hat nur kleine Verdauungsorgane, daher muss er sich häufiger entleeren. Tut er das an der richtigen Stelle, loben Sie ihn ausgiebig. Wenn einmal ein Malheur passiert, darf das auf keinen Fall bestraft werden. (Entscheidenden Einfluss, wie lange es dauert, bis Ihr Welpe auch nachts durchschläft, ohne sich lösen zu müssen, hat auch die Wahl des Schlafplatzes. Siehe dazu unter »Schlafplatz«, Seite 53ff.)

Wird der Welpe auf frischer Tat ertappt, nehmen Sie ihn einfach kommentarlos hoch und bringen ihn zu der Stelle, wo er sich lösen darf. Würden Sie den Welpen in dieser Situation bestrafen, lernt er allenfalls, dass es gefährlich ist, sich in Ihrer Anwesenheit zu lösen. Das führt dann dazu, dass er sich demnächst unter der Couch oder hinter dem großen Blumenkübel versteckt, um seine Geschäfte zu verrichten.

Den Welpen zu schütteln und die Nase in seine Verrichtungen zu stecken, ist ebenfalls völlig ungeeignet, um Welpen zur Stubenreinheit zu erziehen, da sie überhaupt nicht verstehen, dass sie etwas falsch gemacht haben. Ist das Malheur ohnehin schon eine Weile her, bis es von Ihnen bemerkt wird, ist der Welpe sich seines Handelns überhaupt nicht mehr bewusst (siehe auch unter Tabus setzen, »Belohnung und Bestrafung«, Seite 82ff).

Sich zu lösen, ist einfach eine Notwendigkeit, nur wo er das tun soll, hat der Welpe noch nicht gelernt. Woher soll er wissen, dass der teure Teppich nicht der geeignete Ort dafür ist? Ihn in solchen Situationen zu bestrafen, bedeutet

ACHTUNG!

> Führen Sie den Welpen immer durch die gleiche Tür nach draußen. Mit der Zeit gewöhnt er sich daran und setzt sich vor diese Tür, wenn er raus muss.

für den Welpen einen großen Vertrauensverlust zum Besitzer.

Um ein Malheur von vorne herein auszuschließen, sollten Sie den Welpen nach jedem Schlafen, Fressen und Spielen zur richtigen Stelle führen oder tragen und dazwischen in stündlichen Intervallen. Dass der Welpe sich lösen muss, erkennen Sie am schnüffelnden Umherlaufen (oft im Kreis), womit er eine für ihn geeignete Stelle sucht. Geht er dann in die Hocke, ist es schon zu spät. Nehmen Sie den Welpen sofort und führen oder tragen Sie ihn an die richtige Stelle.

Die Stelle, an der Ihr Welpe sich »verbotener Weise« gelöst hat, muss mit Essig oder einem anderen desinfizierenden Reiniger gründlich gereinigt werden, damit der Geruch verschwindet. Andernfalls wird der Welpe angeregt, sein Geschäft noch einmal an dieser Stelle zu verrichten.

Häufig kommt es vor, dass der Welpe sich auf dem Spaziergang nicht löst. Kommt er dann nach Hause, löst er sich innerhalb weniger Minuten im Garten oder sogar in der Wohnung. Das liegt in der Regel daran, dass es unterwegs so »spannend« gewesen ist, dass der Welpe das »Sich-Lösen« schlicht vergessen hat. In seiner gewohnten und vertrauten Umgebung fällt es ihm dann plötzlich wieder ein. Kein Grund zur Sorge, er wird sich schon daran gewöhnen. Entweder bleiben Sie mit ihm von vornherein ein wenig länger draußen oder beobachten, wie er sich nach dem Spaziergang verhält. Beim ersten

Anzeichen für das kleine oder große Geschäft gehen Sie sofort wieder mit ihm raus. Mit ein wenig Geduld wird er sich dann wieder daran erinnern, was er eigentlich vorgehabt hat. Viel Lob und einige Wiederholungen und das Problem hat sich schnell erledigt.

Halsband und Leine

Gewöhnen Sie den Welpen erst langsam an ein Halsband. Er wird dies anfänglich als unangenehm empfinden und durch Kratzen versuchen, es wieder loszuwerden.
Legen Sie es ihm kommentarlos wenige Minuten um, und machen Sie es danach auch wieder kommentarlos ab. Machen Sie also kein großes Aufhebens davon, es soll für den Welpen ja ganz normal werden. Zu Beginn legen Sie es ihm am besten beim Spielen mit Ihnen und beim Fressen an, dann ist er abgelenkter.

Nach der Eingewöhnungsphase können Sie dann in der Wohnung erste Gehversuche an der Leine unternehmen (siehe auch unter »An der Leine ziehen«, Seite 153ff).

Ob Sie ein Halsband oder ein Brustgeschirr verwenden, bleibt Ihnen überlassen. Wichtig ist, dass Sie den Welpen langsam an das Tragen gewöhnen.

Tabus setzen, Belohnung und Bestrafung

In der folgenden Übersicht ist dargestellt, welche Möglichkeiten vorhanden sind, um das Verhalten eines Hundes zu beeinflussen, das heißt, welche Formen von Belohnung und Bestrafung uns zur Verfügung stehen. Die Begriffe positiv und negativ sind dabei nicht wertend zu sehen, sondern vielmehr mathematisch:

positiv = + = hinzufügen
negativ = - = wegnehmen

Am Effektivsten lernt ein Hund durch positive Verstärkung, viel auch durch negative Strafe. Auf negative Verstärkung sollte daher möglichst verzichtet werden, auf positive Strafe aber in jedem Fall.

Das folgende Schaubild mit den verschiedenen Ampelfarben soll das veranschaulichen:

grün = gewünscht

gelb = Achtung!

rot = verboten

SCHAUBILD

> **Positive Verstärkung**

Etwas Angenehmes wird hinzugefügt.

> **Verhalten nimmt zu**

Beispiel: Der Hund bekommt ein Leckerchen, wenn er auf Zuruf kommt.

> **Negative Verstärkung**

Etwas Unangenehmes wird weggenommen.

> **Verhalten nimmt zu**

Beispiel: Wenn ein Hund Angst vor anderen Hunden hat, wird Kontakt zu anderen Artgenossen vermieden.

> **Positive Strafe**

Etwas Unangenehmes wird hinzugefügt.

> **Verhalten nimmt ab**

Beispiel: Der Hund bekommt einen Leinenruck, wenn er an der Leine zieht.

> **Negative Strafe**

Etwas Angenehmes wird weggenommen.

> **Verhalten nimmt ab**

Beispiel: Ein Spielzeug wird weggenommen, die Zuwendung wird verweigert (zum Beispiel beim Anspringen).

Ein Hund lebt nicht wie wir Menschen auch in der Vergangenheit und Zukunft, sondern ausschließlich im Hier und Jetzt. Er handelt nur nach angeborenen Instinkten und erworbenen Erfahrungen. Das ist im Hinblick darauf, wie wir unseren Hund belohnen oder bestrafen, wichtig zu wissen.

Man muss sich immer vor Augen führen, wie und womit ein Hund unser Verhalten verknüpft. Außerdem ist ein Hund ein purer Egoist. Er macht nicht Sitz oder Platz, um uns einen Gefallen zu tun, sondern vielmehr, weil er (hoffentlich) lernt, dass es sich für ihn lohnt. (»Hurra, ich bekomme ein Lob, vielleicht sogar in Form eines Leckerchens.«)

Ein Hund verknüpft unser Verhalten ihm gegenüber mit seinem jeweiligen Verhalten nur, wenn er unmittelbar, das heißt innerhalb einer halben Sekunde, eine Reaktion hierauf erfährt.

Ein Beispiel: Wenn der Hund auf Ihre Aufforderung hin Sitz macht, müssen Sie ihn unmittelbar, also in der nächsten halben Sekunde, für sein richtiges Verhalten belohnen. Belohnen Sie ihn erst später, wird er sein Verhalten (»Habe mich hingesetzt«) nicht mehr mit Ihrem Lob verknüpfen. Er denkt dann höchstens, dass Sie einfach gute Laune haben und ihm mal ein Lob gönnen. (Stichwort »Gute-Laune-Leckerchen«: Sie wollen Ihren Hund mit einem Leckerchen für ein »Sitz« belohnen, haben es aber in einer Plastiktüte in Ihrer Jackentasche verstaut. Dann dauert der Moment, den Sie benötigen, um es aus der Plastiktüte in der Jackentasche zu »wühlen« und dem Hund schließlich zu geben, länger als eine halbe Sekunde.)

Wofür er eigentlich gelobt werden sollte, kann er dann gar nicht mehr zuordnen. Egal, ob Sie Ihren Hund also belohnen oder bestrafen, es muss immer unmittelbar erfolgen, damit der Hund dieses mit seinen Taten in Verbindung bringen, sein Handeln und Ihre Reaktionen darauf entsprechend verknüpfen kann.

Belohnen können Sie verbal mit einem freundlichen »Fein«, durch Streicheln, Spielen oder mit einem Leckerchen. Durch Belohnung, oder wissenschaftlich positive Bestärkung, bestärke ich ein bestimmtes Verhalten des Hundes mit der Folge, dass er es auch zukünftig wieder zeigen wird.

Wie schon erwähnt, ist der Hund ein Egoist. Damit der Hund für uns etwas tut, muss es sich für ihn also lohnen. Dafür nutzt man am besten einen seiner angeborenen Triebe, die für die Erhaltung seiner Art wichtig sind.

Diese Triebe sind:

> Fortpflanzung

> Jagen zum Nahrungserwerb

> Fressen

Ein »schönes Fuß« hat eine Belohnung verdient.

Ersteres ist zum sofortigen und dauerhaften Belohnen schlicht ungeeignet und das Jagen ist auch nicht der Trieb, mit dem man seinen Hund belohnen sollte (zu unerwünschtem Jagdverhalten siehe auch unter »Richtiges Spielen«, Seite 102ff). Bleibt noch das Belohnen durch Fressen, also die Gabe von Leckerchen. Das ist zu Beginn der effektivste Weg, seinen Hund zu belohnen, da es einen seiner Triebe befriedigt.

Leckerchen-Kritikern sei an dieser Stelle gesagt, dass ein Hund nicht sein ganzes Leben lang mit Leckerchen gefüttert werden muss, nur weil man auf diese Weise dem Hund erwünschte Verhaltensweisen beibringt. Vielmehr werden Leckerchen später mehr und mehr ausgeschlichen, ohne allerdings ganz auf sie zu verzichten. Später gehe ich noch auf die variable Bestärkung ein.

Als Belohnung ein »Fein«, ein kurzes Spiel (was zudem die Konzentration unterbricht), oder das Streicheln über den Kopf (was die meisten Hunde eher als unangenehm empfinden) einzusetzen, haben für einen Hund nicht so elementare und positive Bedeutung wie das Fressen. Wird mit Leckerchen belohnt, ist darauf zu achten, dass sie möglichst weich und klein sind (zum Beispiel gekochte Hähnchenbrust oder Fleischwurst), damit der Hund die kleinen Bissen sofort runterschlucken kann.

Muss der Hund erst lange darauf herumkauen, vergisst er wieder, wofür er die Belohnung bekommen hat – und wir haben mal wieder ein »Gute-Laune-Leckerchen« verteilt.

Da ich das Belohnen mit den Leckerchen für die beste Methode halte, ist im Folgenden mit Belohnung immer Leckerchen gemeint.

Für richtiges Verhalten muss der Hund anfangs immer positiv bestärkt werden, damit sich das Verhalten bei ihm festsetzt. Gelingt das, beginnt man, nur noch jedes zweite Mal richtiges Verhalten zu belohnen, bis auch das zuverlässig klappt. Dann nur noch jedes dritte Mal. Zeigt der Hund erwünschte Verhaltensweisen dann immer

ACHTUNG!

Das Nackenschütteln ist als Bestrafung absolut tabu. Es löst beim Welpen Todesangst aus und kann Ihnen gegenüber zu einem absoluten Vertrauensverlust oder zu Angst-Aggressionen führen.

Ein »dominanter« Hund auf »seiner« Couch.

noch zuverlässig, geht man dazu über, ganz variabel zu bestärken: Zwei Mal hintereinander, drei Mal nicht, ein Mal bestärken, dann erst wieder nach dem sechsten Mal, usw. Wichtig ist, variabel zu bleiben, das heißt, den Hund kein Schema erkennen zu lassen. Das hätte er sehr schnell raus und würde ziemlich genau wissen, wann sich sein Verhalten für ihn lohnt und wann nicht. Ist man variabel genug, weiß der Hund, dass er an ein Leckerchen kommen wird, nur kann er nicht genau einschätzen wann. Da es jederzeit der Fall sein könnte, wird er sein richtiges Verhalten aber zuverlässig anbieten.

Zwischendurch können Sie Ihren Hund für richtig tolles oder korrektes Verhalten auch einmal mit einem Jackpot belohnen, das heißt, sie geben ihm eine ganze Hand voll Leckerchen. Das macht die Sache für den Hund noch spannender, weil er versuchen wird, immer den Jackpot zu erreichen. Das gleiche Prinzip macht auch Leute nach Glücksspielen, zum Beispiel Geldspielautomaten, süchtig. Sie wissen ganz genau, dass irgendwann der große Gewinn kommt. Leider sind sie oft vorher schon Pleite.
Variabel bestärken wird sich der Hund aber auch ganz von selbst, wenn er beispielsweise beim Betteln am Tisch mal Erfolg hat und mal nicht (siehe auch unter »Anspringen«, Seite 147f).

› Bestrafen

Bestrafen müssen Sie Ihren Hund mitunter auch, aber nur, wenn es unbedingt sein muss und nie unter Zufügen von Schmerzen!

Ganz wichtig: Nackenschütteln ist absolut verboten, es löst bei einem Welpen Todesängste aus, was Ihnen gegenüber zu einem absoluten Vertrauensverlust und zu Angst-Aggressionen führen kann. Hundemütter schütteln ihre Welpen – entgegen weitläufiger Meinung – auch nicht. Sie wenden höchstens den Schnauzen-

griff an oder schubsen einen Welpen weg. Zum Schnauzengriff als Strafe ist zu sagen, dass es in der Literatur durchaus Meinungen gibt, die einen Schnauzengriff für absolut entbehrlich halten, da ein Hund unsere Hand auf keinen Fall mit dem Schnauzengriff seiner Mutter in Verbindung bringen kann. Es ist eine Hand und keine Schnauze. Würde man mit seinem Mund den Schnauzengriff imitieren, wäre die Verknüpfung eindeutig. Eine Empfehlung gebe ich an dieser Stelle bewusst nicht, jeder kann zur Not selber ausprobieren, wie sein Hund auf einen imitierten Schnauzengriff reagiert.
Vertrauensverlust oder Angst-Aggressionen können auch entstehen, wenn Sie Ihren Hund auf den Rücken werfen (so genannter Alphawurf). Den Hund zu unterwerfen, weil man meint, dominantes Verhalten erkannt zu haben und ihm auf diese Weise zu zeigen, dass wir der Dominator sind, geht meist nach hinten los.
Im Übrigen kann man sich nur wundern, was von vielen Hundebesitzern alles als dominantes Verhalten interpretiert wird: Anspringen, Ungehorsam, Futterverteidigung, zuerst durch eine Tür gehen, an erhöhten Plätzen liegen, beim Spazieren gehen ständig vorauszulaufen oder im Kreis um den Besitzer herumzulaufen, an der Leine zu ziehen, usw.

Fakt ist, dass diese Verhaltensweisen kein dominantes Verhalten darstellen. Das bedeutet zwar nicht, dass man nicht trotzdem zuerst durch eine Tür gehen sollte. Wer weiß schon immer, was draußen gerade los ist, wenn ich die Tür aufmache und der Hund rennt einfach drauf los? Und das Ziehen an der Leine, auch eine normale Verhaltensweise, sollten wir unterbinden, weil es für uns als Halter auf die Dauer zu anstrengend ist, gerade bei großen Hunden. Nur die Argumentation mit der Dominanz ist hier fehl am Platz.
Das zwangsweise Unterwerfen eines Hundes wäre daher höchstens dann geboten, wenn er sich dominant-aggressiv, also auf keinen Fall

angstaggressiv, Ihnen gegenüber verhält. Solches Verhalten ist allerdings sehr selten und zeigt eigentlich nur, dass etwas in der Beziehung zwischen Hund und Halter nicht stimmt. Gelegentlich gibt es sicher Hunde, die in dieser Hinsicht nicht ganz sauber ticken, das ist aber noch seltener. Wenn Sie sich über die Bedeutung des Verhaltens Ihres Hundes nicht ganz im Klaren sind, lassen Sie das Unterwerfen also bleiben, und fragen Sie erst einmal einen erfahrenen Trainer um Rat.

Weitere Probleme beim Strafen bestehen darin, dass unerwünschtes Verhalten sofort (max. innerhalb einer Sekunde), besser schon im Ansatz, hart und immer bestraft werden muss.

Die wenigsten Hundebesitzer sind bei unerwünschtem Verhalten in ihrer Reaktion darauf schnell genug. Das bedeutet, dass der Hund eine Strafe nicht mit seinem Verhalten in Verbindung bringt, wenn unsere Reaktion nicht innerhalb einer halben Sekunde nach dem gezeigten Verhalten erfolgt.

Die Strafe muss hart genug sein, damit der Hund sein Verhalten sofort einstellt. Dabei stößt man sehr schnell an ethische Grenzen, wenn Strafe physischen Schmerz bedeutet, wie zum Beispiel Leinenruck. Eine wirkungsvolle schmerzhafte Strafe wird in aller Regel aber nicht eingesetzt. Das führt dann dazu, dass man mehrfach leichtere Strafen immer wieder anwendet, mit dem Ergebnis, dass ein Hund sich schlicht und einfach daran gewöhnt. Er lernt Schmerzen auszuhalten, wie zum Beispiel das Zupfen an der Leine oder das zaghafte Rucken.

Außerdem muss eine Bestrafung bei unerwünschtem Verhalten immer erfolgen, egal ob Sie selber anwesend sind, oder Freunde, Bekannte und Familienmitglieder. Das auch umzusetzen, ist fast unmöglich.

Selbst ein erfahrener Trainer wird körperliche Strafe nur im Notfall anwenden, denn man kann nie wissen, wie ein Hund eine solche Situation erlebt, beziehungsweise sein gezeigtes Verhalten mit der Strafe verknüpft.

Dazu folgendes Beispiel:
Sie gehen mit Ihrem Hund auf einem Gehweg spazieren, und er zieht aus Neugier zu einem vorbeikommenden Kinderwagen. Da Sie das Ziehen an der Leine unterbinden wollen, rucken Sie kräftig an der Leine und schimpfen mit ihm: »Nein, lass das!«

Jetzt sind Sie sich sicher, dass Ihr Hund das An-der-Leine-Ziehen mit Ihrem Leinenruck in Verbindung gebracht hat und es zukünftig unterlassen wird.

Das kann so sein, Ihr Hund kann aber auch etwas ganz anderes verknüpft haben. Nämlich, dass ein Kinderwagen gefährlich ist und er bei seinem Anblick Schmerz verspürt. Um diesem Schmerz aus dem Weg zu gehen, wird Ihr Hund demnächst vielleicht versuchen, jedem Kinderwagen möglichst weit aus dem Weg zu gehen, oder – viel schlimmer – das gefährliche Ding anzugreifen.

Einen Hund richtig und effektiv zu bestrafen ist also sehr schwer und nicht ungefährlich, viel besser ist es daher immer, dem Hund alternatives Verhalten beizubringen und ihn dafür zu belohnen (siehe auch unter »Anspringen«, Seite 147f).

Da es im Leben eines Hundes klare Regeln geben muss, die wir unserem Hund vermitteln müssen (er muss lernen: »Was darf ich, was darf ich nicht?«), sollte man zuerst bei dem Hund ein Kommando (besser Signal) etablieren, durch das er versteht, dass er ein bestimmtes Verhalten unterlassen soll. Nehmen sie dafür zum Beispiel das Signal »Nein«.

Um dem Welpen dieses Signal beizubringen, gehen Sie wie folgt vor:

Nehmen Sie in jede Hand ein Leckerchen und strecken die Arme vor sich aus, die Hände sind geschlossen. Öffnen Sie die linke Hand, so dass der Welpe das Leckerchen sieht. Er wird jetzt versuchen, das Leckerchen von Ihnen zu bekommen. Sie ziehen schnell die Hand weg mit dem energischen und tiefer Stimme gesprochenen Signal »Nein« (= negative Strafe). Geben Sie ihm dafür zusammen mit einem mit freundlicher und heller Stimme gesprochenen Signal »O.K.« (wichtig!) das Leckerchen aus der rechten Hand (= positive Bestärkung). Das üben Sie mehrmals hintereinander. Wechseln Sie ruhig ein paar Mal links und rechts, Ihr Hund reagiert sonst womöglich auf ein bestimmtes Schema. Der Hund hat die Übung dann begriffen, wenn Sie nach dem Präsentieren des Leckerchens in Verbindung mit dem Signal »Nein« Ihre Hand nicht mehr wegziehen müssen, der Hund also auf Ihr Signal reagiert und das Leckerchen in Ruhe lässt und stattdessen auf Ihr »O.K.« wartet. Ab dieser Phase brauchen Sie dann nicht mehr beide Hände.

Erwischen Sie Ihren Welpen nun zum Beispiel dabei, wie er gerade den Teppich zerlegt, versuchen Sie es zuerst mit dem Signal »Nein«. Haben Sie es konsequent genug geübt, sollte das schon ausreichen. Falls er nicht reagiert, gehen Sie zu ihm hin, fassen (aber nur fassen!) ihm in den Nacken, sehen ihm tief in die Augen und sagen ruhig aber bestimmt »Nein«. Dann lassen Sie ihn wieder los und beschäftigen sich scheinbar mit anderen Dingen. Beobachten Sie aus den Augenwinkeln Ihren Welpen. Er wird es wahrscheinlich noch einmal versuchen. Falls das passiert, wieder hingehen, in den Nacken fassen, tief in die Augen sehen und ein ruhiges, aber bestimmtes »Nein«. Nach spätestens ein paar Wiederholungen hat er es über diese negative Strafe begriffen.

Wenn er sich aus eigenem Antrieb dann nicht mehr mit dem Teppich beschäftigt, belohnen Sie ihn durch ein kurzes Spiel (siehe auch unter »Richtiges Spielen«, Seite 102ff). Da sind wir dann sofort wieder bei der positiven Bestärkung. Eigentlich ganz einfach, wenn man konsequent genug ist.

Haben Sie das Schaubild noch im Kopf? Wenn nicht, sehen Sie es noch einmal an!

Um jederzeit des Welpen habhaft zu werden und er sich nicht beispielsweise mit einem geklauten Gegenstand unter der Couch verstecken kann, falls Sie ihn bestrafen müssten, sollten Sie ihm im Haus und Garten immer eine dünne, ca. einen Meter lange Leine anlegen. Das stört Ihren Welpen überhaupt nicht, Sie aber können jederzeit eingreifen.

Das Kommando »Hier«

Das Wichtigste, was ein Hund lernen muss, ist auf Zuruf des Besitzers zurückzukommen. Es hilft Ihnen überhaupt nichts, wenn Ihr Hund Übungen wie Sitz, Platz oder Fuß perfekt beherrscht, Sie ihn aber nicht jeder Zeit zu sich zurückrufen können. Einen Hund permanent an der Leine zu führen, weil er ausbüxt und man sich nicht sicher ist, ob er wiederkommt, kann keine Lösung sein. Sie sollten Ihr Hauptaugenmerk also von Anfang an darauf richten, Ihrem Hund das zuverlässige Zurückkommen beizubringen. Am einfachsten ist das bei Welpen, da sie ohnehin in den ersten Wochen mit einem gewissen Nachlauftrieb ausgestattet sind. Das Problem ist nur, dass dieser mit zunehmendem Alter nachlässt und mit ca. 14 Wochen fast nicht mehr vorhanden ist, außer es handelt sich um einen ungewöhnlich ängstlichen Welpen. Je älter der Welpe wird, desto sicherer fühlt er sich auch in seiner Umgebung und umso größer wird sein Wirkungskreis, das heißt, er entfernt sich auch bei einem Spaziergang weiter von seinen Besitzern. Versäumen Sie spätestens jetzt das Herankommen intensiv zu trainieren, werden Sie es in der Folge unnötig schwer haben, zumal dann, wenn der Hund sich leicht ablenken lässt.

Rufen Sie Ihren Welpen sooft es geht zu sich. Setzen Sie sich dazu in die Hocke, denn stehend wirken Sie aufgrund Ihrer Größe für einen kleinen Welpen ziemlich bedrohlich. Außerdem sieht es für den Welpen so aus, als ob Sie weiter ent-

Das zuverlässige Herankommen muss intensiv geübt werden, anfangs möglichst ohne Ablenkungen.

fernt scheinen, als Sie es tatsächlich sind. Rufen Sie ihn mit einem Kommando, das Sie vorher festgelegt haben und alle Familienmitglieder gleichermaßen verwenden. Bewährt hat sich das Signal »Hier«, da es im Gegensatz zu einem »Komm« oder »Komm hierhin«, freundlicher, das heißt mit heller und hoher Stimme ausgesprochen werden kann. Hunde reagieren besser auf freundliche und helle Töne, zudem kann man das »Hier« theoretisch so lang dehnen, bis einem die Luft ausgeht, was bei richtigem Trainingsaufbau aber nicht passieren dürfte.

Gehen Sie also in die Hocke und rufen Sie »Hii-iiiiiiiier«. Setzt sich Ihr Welpe zu Ihnen in Bewegung, muntern Sie ihn auf dem Weg zu Ihnen weiter auf, zum Beispiel indem Sie in die Hände klatschen. Ist er bei Ihnen angekommen, belohnen Sie ihn sofort mit einem Leckerchen. Kommt er nicht sofort, machen Sie durch Lärm, Rufen und Wegrennen in die entgegengesetzte Richtung auf sich aufmerksam. Machen Sie ruhig den Clown für Ihren Hund. Wichtig ist, dass er Sie spannend findet und reagiert.

Achten Sie darauf, dass Ihr Welpe nach der Belohnung nicht sofort wieder wegläuft, halten Sie ihn erst einmal am Halsband fest. Nehmen Sie ihn nicht an die Leine (dazu mehr weiter unten). Nach einigen Sekunden bei Ihnen lassen Sie ihn wieder laufen und wiederholen das Ganze mehrmals. Der Hund lernt durch die Belohnung, dass es sich für ihn lohnt, zu Ihnen zu kommen, und das ist der einzige Grund für ihn, überhaupt auf Ihr Kommando zu reagieren.

Wenn Sie den Hund wieder laufen lassen, geben Sie auch hierfür ein Kommando, zum Beispiel »Lauf«. Bewegen Sie sich dabei möglichst nicht, sondern lassen Sie ihn einfach los. Durch ein gesprochenes Kommando wie »Lauf« lernt der Hund zum einen, dass er sich nach dem Abholen einer Belohnung nicht einfach wieder entfernen soll, oder später nach dem Ableinen auf einem Spaziergang sofort losrennt. Zum anderen verknüpft er das »Wieder-laufen-Dürfen« nicht mit einer Bewegung von Ihnen. Das wird Ihnen später bei »Bleibübungen« von großem Nutzen sein. Würden Sie sich jedes Mal bewegen, um Ihren Hund wegzuschicken, würde er niemals einfach sitzen oder liegen bleiben, wenn Sie sich in Bewegung setzen. Warten Sie nach dem »Lauf«, ob er sich selbst in Bewegung setzt, ansonsten schieben Sie ihn sanft an.

Diese Übung wiederholen Sie täglich mehrfach mit allen Familienmitgliedern, dazu kann man sich auch gegenüber oder im Kreis aufstellen und den Hund von einem zum anderen rufen. Ein schönes Spiel für alle Beteiligten.

Folgende weit verbreitete Fehler sollten Sie vermeiden:

1. Erwarten oder verlangen Sie nicht sofort ein »Sitz«, wenn der Welpe bei Ihnen angekommen ist. Die Übung ist einfach nur das »Hier«. Verlangen Sie ein »Sitz«, ist das schon die nächste Übung und Ihr Hund hat bereits wieder vergessen, was das »Hier« zu bedeuten hatte, wenn Sie ihn nicht auch dafür entsprechend belohnt hatten. Also immer eins nach dem anderen.

2. Üben Sie am Anfang möglichst ohne Ablenkung, zum Beispiel im Haus. Erst wenn ohne Ablenkung das Herankommen zuverlässig klappt, erhöhen Sie die Anforderungen.

Eine Übung für die ganze Familie: Den Welpen von einem Familienmitglied zum andern rufen.

3. Rufen Sie Ihren Hund immer nur dann, wenn Sie zu fast hundert Prozent sicher sind, dass er auch kommen wird. Klappt die Übung noch nicht zuverlässig und Sie rufen Ihren Hund, während er in einem Kaninchenbau buddelt, wird er wahrscheinlich nicht reagieren. Er hört Sie zwar, findet den Kaninchenbau im Zweifel aber gerade spannender. Je öfter und lauter Sie jetzt rufen, ohne dass weitere Konsequenzen folgen, desto sicherer lernt er, dass nichts passiert, und er buddelt so lange, bis er meint, fertig zu sein. Er hört Sie ja noch, alles ist für ihn in Ordnung, Sie werden schon auf ihn warten (müssen). Daher rufen Sie Ihren Hund immer nur ein oder maximal zwei Mal. Kommt er dann nicht, gehen Sie kommentarlos hin und leinen ihn an. Sie können sich aber auch verstecken und er muss Sie dann suchen, oder Sie rennen mit lautem Getöse weg. Kommt er dann, loben Sie ihn natürlich sofort.

4. Schreien Sie Ihren Hund nie an, wenn er nicht sofort gekommen ist. Schuld sind Sie, nicht der Hund. Macht er mehrmals die Erfahrung, dass er bestraft wird, wenn er zurückkommt, wird er irgendwann gar nicht mehr kommen, oder eine gewisse Distanz einhalten. Er weiß nicht (mehr), dass er früher hätte kommen sollen, er lernt dadurch nur, dass es unangenehm ist, zu Herrchen oder Frauchen zu kommen. So sehr Sie sich auch ärgern, zeigen Sie Ihrem Hund immer nur Freude, wenn er zu Ihnen kommt, egal wie lange es gedauert hat. Üben Sie lieber intensiver.

5. Leinen Sie Ihren Hund nicht jedes Mal an, wenn er zu Ihnen gekommen ist. Viele Hundebesitzer rufen gerade auf Spaziergängen ihren Hund nur zu sich, wenn Sie eine Gefahrenlage erkannt haben (andere Hunde, Radfahrer, Jogger, etc.) und leinen ihn dann an. Grundsätzlich ist das Anleinen in solchen Situationen zwar richtig, falsch ist es aber, den Hund nur in diesen Situationen zurückgerufen zu haben. Der Hund verknüpft auf diese Weise sehr schnell, dass seine Freiheit vorbei ist, wenn er zum Besitzer zurückkommt. Entweder kommt er gar nicht, er versucht im Gegenteil erst einmal herauszufinden, was so spannend ist, dass Sie ihn zurückbeordern wollen. Oder er nähert sich nur so weit, dass Sie keine Chance haben, ihn an die Leine zu nehmen.

Gerade auf Spaziergängen sollten Sie Ihren Hund immer wieder ohne besonderen Grund zu sich rufen, belohnen und als zusätzliche Belohnung wieder laufen lassen. Lassen Sie Ihren Hund von fünfzehn Mal Heranrufen, vierzehn Mal wieder laufen, können Sie fast sicher sein, dass er bei dem einen Mal, wo Sie ihn tatsächlich anleinen wollen, auch zu Ihnen kommen wird.

Eine sehr gute Möglichkeit, einem Hund das Herankommen beizubringen, ist ihn an eine Pfeife zu gewöhnen. Das hat den Vorteil, dass der Pfiff aus einer Pfeife fast identisch klingt, auch wenn verschiedene Personen sie benutzen. Sie müssen sie nur immer mitnehmen, aber dazu kann man sie ganz einfach an der Leine befestigen, die hat man ja immer dabei.

Rufen Sie Ihren Hund auf einem Spaziergang immer wieder zu sich. Belohnen Sie ihn fürs Kommen und lassen Sie Ihn als zusätzliche Belohnung wieder laufen.

Dieser Welpe wartet darauf, »endlich« gerufen zu werden.

Anhand des folgenden Zehntageplanes können Sie Ihrem Hund das Herankommen beibringen. Dabei soll der Plan nur die grobe Richtung vorgeben, denn Sie müssen letztendlich selber beobachten, wie gut es mit Ihrem Hund klappt. Auf keinen Fall dürfen Sie zu schnell vorgehen, ein Hund lernt nun einmal immer in kleinen Schritten, und wenn etwas plötzlich nicht (mehr) klappt, müssen Sie die Anforderungen kurzzeitig etwas zurückschrauben, damit der Hund wieder die Möglichkeit bekommt, richtig zu reagieren. Manchmal ist weniger einfach mehr.

1. Tag Im Haus: Wenn der Hund bei Ihnen ist, nennen Sie in dem Moment seinen Namen, in dem er Sie anschaut. »Pfiff« und sofort Leckerchen geben. Nehmen Sie besondere Leckerchen wie Käsestückchen, Fleischwurst oder gekochtes Hähnchenfleisch. Das machen Sie vier Mal hintereinander. Pfeifen Sie aber erst, wenn der Hund tatsächlich Sie anschaut und nicht etwa die Hand, in der das Leckerchen ist.
Bei der Fütterung hält eine Person den Hund fest, falls er ein »Sitz und Bleib« noch nicht beherrscht. Sie gehen mit der Futterschüssel weg, so dass Ihr Hund Sie noch sehen kann. Dann drehen Sie sich um, nennen seinen Namen und pfeifen. In dem Moment wird der Hund losgelassen und Sie stellen die Futterschüssel verbal lobend auf den Boden, wenn der Hund bei Ihnen angekommen ist.

2. Tag Sie machen die gleiche Übung wie im Haus, aber jetzt im Garten. Bei den Fütterungen verfahren Sie so, wie oben beschrieben.
Auf dem angeleinten Spaziergang sprechen Sie Ihren Hund mit Namen an, wenn er Sie anschaut. Dann gehen Sie ein paar Schritte rückwärts, so dass Ihr Hund auf Sie zukommt, Pfiff und Leckerchen. Auf jedem Spaziergang wiederholen Sie diese Übung vier bis fünf Mal, immer an einer anderen Stelle.

3. Tag Wie am zweiten Tag, nur die erste Übung, also das einfache Anschauen im Haus oder Garten, fällt weg. Dafür machen Sie die gleiche Übung wie beim Füttern jetzt im Garten und beim Spaziergang. Also Hund festhalten oder »Sitz und Bleib« usw.

An diesen ersten drei Tagen darf der Pfiff nur dann verwendet werden, wenn Ihr Hund Sie tatsächlich anschaut. Die ganze Mühe ist umsonst, wenn er den Pfiff nur ein Mal »überhört«, weil er durch etwas anderes abgelenkt ist.

4. Tag Pfiff nur zum Füttern, ansonsten keine Übungen.

5. Tag Machen Sie Ihren nicht von anderen Dingen abgelenkten Hund zuerst im Garten, dann auf dem Spaziergang auf sich aufmerksam. Sieht er Sie an, rennen Sie sofort weg und pfeifen dabei. Wenn der Hund bei Ihnen angekommen ist, Leckerchen und loben. Wichtig ist, dass Ihr Hund Sie beim Wegrennen sieht.

6. Tag Wie der vierte Tag.

7. Tag Versuchen Sie Ihren Hund mit seinem Namen sporadisch im Haus, im Garten und auf dem Spaziergang aus leichten Ablenkungssituationen zu sich zu rufen. Wenn er reagiert und zu Ihnen kommt, pfeifen Sie. Aber erst dann. Leckerchen und loben ist natürlich klar. Das machen Sie mehrmals am Tag.

8. Tag Wie der vierte Tag.

9. Tag Wie am fünften Tag. Drei Mal hintereinander im Garten und drei Mal hintereinander auf dem Spaziergang.

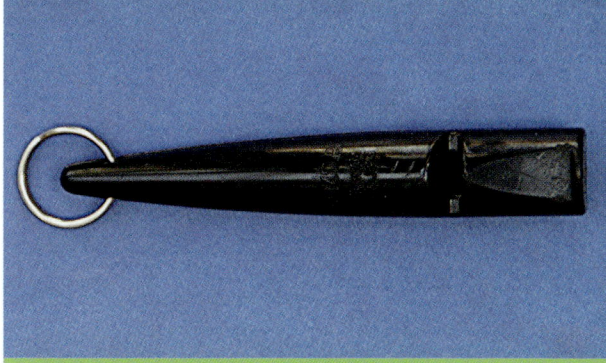

Das Herankommen kann auch mittels einer Pfeife trainiert werden.

Ab dem zehnten Tag können Sie Ihren Hund, anfangs natürlich erst mal nur im häuslichen Bereich heranpfeifen, ohne ihn im Vorfeld durch Nennung seines Namens aufmerksam gemacht zu haben. Wenn das zu Hause klappt, machen Sie das Gleiche auf dem Spaziergang. Geben Sie die nächsten drei Monate immer noch ein Leckerchen, wenn auch nicht immer die ganz besonderen und fangen Sie dann an, variabel zu belohnen. Achten Sie auf die Ablenkungssituation. Gerade junge Hunde lassen sich sehr schnell ablenken. Pfeifen Sie nur dann, wenn sie sich sicher sind, dass Ihr Hund auch reagiert, vertrauen Sie Ihrem Hund nicht zu früh. Außerdem sollten Sie nicht ständig pfeifen, sondern den Hund immer wieder nur durch Ihre Stimme zu sich rufen. Die Pfeife soll etwas Besonderes bleiben und damit quasi die Funktion einer Notbremse erfüllen. Pfeifen Sie auch zwei bis drei Tage einmal gar nicht und wiederholen Sie dann die verschiedenen Übungen wie oben beschrieben.

Ist Ihr Hund gerade mit einem Kaninchenbau beschäftigt, ist das Abrufen mittels der Pfeife oft sicherer, als das Kommando »Hier« einzusetzen, richtiges Training natürlich vorausgesetzt.

Benimmregeln

Allein zu Haus

Hundebegegnungen

Richtiges Spielen

Beißhemmung

Hunde und Kinder

Allein zu Haus

Alleine zu bleiben stellt den Hund und in der Folge auch seine Besitzer oft vor große Probleme. Allein gelassen zu werden löst beim Hund Stress aus, da es ihm als Rudeltier instinktiv widerstrebt, von seinem Rudel – also den Besitzern – getrennt zu sein. Um seinen Stress abzubauen, sucht sich der Hund ein für ihn geeignetes Ventil.

Das kann ständiges Winseln und/oder Kläffen sein, mitunter entwickeln Hunde dabei eine enorme Ausdauer. Oft entwickeln sie aber auch eine wahre Zerstörungswut. Nichts ist dann vor dem Tier mehr sicher: Tapeten, Teppiche, Schuhe, Schränke, Türen, Sitzmöbel – mit Vorliebe Polstermöbel, da sind so schöne Füllungen drin, Telefonkabel, Gardinen und überhaupt alle für

»Nehmt mich mit!«

unseren Hund erreichbaren Gegenstände. Viele Hundebesitzer können über den Einfallsreichtum ihres Hundes in solchen Situationen ein Lied singen.

Einige Zimmerpflanzen können für den Hund übrigens giftig sein. Also sollten Sie generell dafür sorgen, dass diese hoch genug stehen, damit der Welpe sie nicht erreichen kann. Ein Tisch mit Decke ist denkbar ungeeignet – an einer Tischdecke kann man herrlich ziehen, bis sie endlich unten ist und mit ihr die Gegenstände, die sich auf dem Tisch befunden haben.

Um den Hund an den Stress des Alleinseins zu gewöhnen, sollte also so früh wie möglich mit dem entsprechenden Training begonnen werden.

Das Alleinsein muss richtiggehend mit dem Hund geübt werden und zwar in ganz kleinen Schritten. Bei einem Welpen trainiert man dies am besten vom ersten Tag an.

Dabei reichen am Anfang wenige Sekunden, die der Hund beispielsweise in einem geschlossenen Raum alleine verbringen soll. Am einfachsten ist es anfangs, wenn der Hund sowieso gerade zum Beispiel mit einem Kauknochen beschäftigt ist. Kommando »Bleib« – Türe schließen. Bleibt der Hund ruhig, die Türe wieder öffnen und das Tier für sein richtiges Verhalten loben.

Sollte der Hund jaulen, bellen, an der Tür kratzen oder sich sonst wie nicht ruhig verhalten, auf keinen Fall die Türe öffnen und mit dem Hund schimpfen oder ihn sogar trösten wollen. So würden Sie ihn auf jeden Fall in seinem Verhalten bestärken. Der Hund lernt dann, dass er nur genügend Lärm machen muss, damit sich wieder jemand um ihn kümmert (siehe auch unter Anspringen). Warten Sie lieber ab, ob er sich nicht doch noch beruhigt. Falls ja, sofort die Türe öffnen und kräftig loben. Warten Sie nicht in der Hoffnung, es funktioniere noch weitere Sekunden, so lange, bis der Hund sich dann doch wieder meldet. Belohnen Sie ihn lieber sofort für richtiges Verhalten.

Will der Hund sich gar nicht beruhigen, öffnen Sie einfach die Tür, ignorieren ihn aber. In diesem Fall war die Dauer der Übung wahrscheinlich schon zu lang. Wiederholen Sie die Übung beim nächsten Mal mit einem kürzeren Intervall.

Diese Aufgabe sollte täglich mehrmals wiederholt werden, die Dauer wird dabei Schritt für Schritt erweitert, wobei sie auch variabel sein sollten, indem Sie zwischendurch immer mal wieder den Hund für kürzere Zeit alleine lassen, als er es eigentlich schon ohne Probleme kann. Damit erreichen Sie, dass der Hund nie genau weiß, wann Sie zurückkommen. Übt man regelmäßig und verhindert auch, dass der Hund einem im Haus auf Schritt und Tritt folgt, kann der Hund schon nach kurzer Zeit mehrere Minuten allein bleiben, und man erweitert die Übung um das Verlassen des Hauses.

Hierbei sollten Sie nicht davon ausgehen, dass Ihr Hund problemlos zuschaut, wie Sie das Haus verlassen und schon die gleiche Zeit ruhig bleibt, wie er es zum Beispiel in der Küche bei geschlossener Tür kann.

Wahrscheinlich merkte der Hund bisher ganz genau, dass Sie ja noch im Haus waren. Wenn Sie dieses für den Hund bemerkbar verlassen, hat das für ihn eine ganz andere Bedeutung. Also fangen Sie auch hier mit nur ganz kurzer Dauer an und steigern sie langsam, aber stetig, zwischendurch aber auch variabel. Beim ersten Verlassen des Hauses ziehen Sie sich nicht erst Jacke und Schuhe an, sondern vermitteln durch Ihre Körpersprache, dass dies das Normalste der Welt ist. Verlassen Sie die Wohnung also einfach nur so in Hausschuhen, später mal mit Jacke und Schuhen, dann wieder einfach so.

Wenn Sie es schaffen, dass Ihr Hund ca. 45 Minuten alleine bleiben kann, ohne dass er ständig bellt oder Dinge zerstört, haben Sie es geschafft. Wenn ein Hund Trennungsangst entwickelt, dann meist in den ersten 30 bis 45 Minuten. Danach ist die Dauer des Alleinseins relativ egal, ein Hund verfügt über kein Zeitgefühl. Bei einem Welpen bis zu einem Alter von

14 Wochen sollten Sie die Zeit aber nicht über zwei Stunden ausdehnen.

Allerdings kann Trennungsangst unter bestimmten Umständen plötzlich wieder auftreten. Beispiele sind die Pubertät des Hundes, der Umzug in eine neue Wohnung und damit fremde Umgebung, oder die Trennung des Halters vom Partner. Sie verhalten sich dann genau so wie hier beschrieben, das Problem wird sich nach kurzer Zeit wieder geben. Natürlich sollte ein Hund auf Dauer möglichst nicht mehr als sechs Stunden alleine gelassen werden.

Die meisten Besitzer machen es dem Hund zusätzlich schwer, alleine zu bleiben, indem sie ihn zum einen beim Verlassen des Hauses mit Leckerchen vollstopfen – damit er hoffentlich lange genug beschäftigt ist – und beruhigend oder tröstend auf ihn einreden. Und bei der Rückkehr wird der Hund sofort aufs Heftigste begrüßt und geknuddelt. Mit einem solchen Verhalten zeigt man dem Hund jedoch, dass das Verlassen des Hauses und vor allem das anschließende Wiederkommen etwas ganz Besonderes ist. Vor allem dem Wiederkommen fiebert der Hund geradezu entgegen.

Viel besser ist es, sich nicht großartig zu verabschieden. Ein Keks oder eine Kaustange ist in Ordnung, danach aber nur noch ein kurzes »Bis gleich«, das reicht. Beim Wiederkommen sollten Sie erst mal in aller Ruhe die Schlüssel aufhängen, die Jacke ausziehen, die Schuhe wegstellen und den Hund dabei weitgehend ignorieren.

Danach begrüßen Sie Ihren Hund kurz und widmen sich am besten erst mal anderen Dingen. Nach ein paar Minuten können Sie zum Beispiel ausgiebig mit dem Hund spielen, er wird das Spielen dann aber nicht mehr mit dem Wiederkommen verknüpfen.

Sie können dem Welpen während Ihrer Abwesenheit auch ein getragenes altes T-Shirt ins Körbchen legen, so bleibt zumindest Ihr Geruch zu Hause, oder ihm ein Spielzeug anbieten, an dem er zwischendurch kauen kann. Nehmen Sie dazu aber keine alten Schuhe! Auch wenn

Hunde sehr gerne auf Leder herumkauen. Ein Hund kennt keinen Unterschied zwischen Alt und Neu und wird sich mit Hingabe auch mit einem neuen Schuh beschäftigen, wenn sich die Gelegenheit dazu ergibt.

Hundebegegnungen

Hunden muss Kontakt zu ihren Artgenossen ermöglicht werden, allerdings gibt es dabei ein paar Regeln, an die sich jeder Hundebesitzer halten sollte.

Natürlich macht es einem Hund viel mehr Spaß, ohne Leine auf einem Spaziergang herumzutollen, als angeleint neben seinem Besitzer herzulaufen. Freilauf ist wichtig, damit der Hund seinen Bewegungsdrang ausleben kann, generelles Führen an einer Leine ist nicht artgerecht. Bei Begegnungen mit fremden Hunden ist aber grundsätzlich erst einmal Vorsicht geboten, denn man kann nie wissen, was der andere denn für einer ist und wie er auf Ihren Hund reagiert. Kommt Ihnen daher ein fremder Hund entgegen, der an der Leine geführt wird, rufen Sie Ihren Hund zu sich. Je nachdem, wie weit Sie Ihren Hund unter Kontrolle halten können, behalten Sie ihn zunächst nur bei sich, oder nehmen ihn auch an die Leine. Vielleicht hat es seinen Grund, dass der fremde Hund an der Leine geführt wird. Eine läufige Hündin, ein Hund mit ansteckender Krankheit, ein Hund, der sich nach einer Operation erst langsam erholen muss, oder auch ein Artgenosse, der auf andere Hunde aggressiv reagiert. Manchmal hat ein Besitzer auch nur Angst um seinen Hund, weil er von einem anderen schon einmal gebissen wurde.

»Analkontrolle«

Ihren Hund in solch einer Situation einfach weiter laufen zu lassen, mit dem Hinweis, dass Ihrer nichts tut, hilft dem anderen Hundebesitzer dann herzlich wenig. Nachdem Sie sich mit dem anderen Hundebesitzer verständigt haben, können die Hunde immer noch Kontakt aufnehmen und spielen, oder eben nicht, wenn es nicht gewünscht ist.

Kommen Sie umgekehrt in eine Situation, in der Ihr Hund angeleint ist und ein fremder Hund stürmt auf Sie zu, ohne dass der andere Besitzer seinen Hund zurückruft (oder es funktioniert wegen mangelnder Ausbildung nicht), gibt es für Sie mehrere Möglichkeiten zu reagieren.

Wenn Sie einen kleinen Hund, oder noch einen Welpen haben, können Sie ihn auf den Arm nehmen, um ihn zu beschützen. Gleichzeitig können Sie sich dem anderen Hund energisch entgegenstellen und ihn mit ärgerlicher Stimme zu vertreiben versuchen. Das erfordert etwas Mut, klappt aber meistens, da die anderen Hunde mit solch einer Behandlung nicht rechnen und sich verunsichert zurückziehen. Genauso können Sie auch verfahren, ohne Ihren Hund auf den Arm zu nehmen, denn das sollte die absolute Ausnahme bleiben. Sich vor den eigenen Hund zu stellen, reicht in der Regel völlig aus.

Machen Sie es sich auf keinen Fall zur Gewohnheit, Ihren Hund bei Begegnungen mit fremden Hunden auf den Arm zu nehmen, auch wenn er als erwachsener Hund klein genug dazu wäre. Das geht irgendwann unweigerlich schief, da solche Hunde aus ihrer sicheren Position heraus die anderen, oft viel größeren Hunde, verbellen und aus ihrer Sicht damit vertreiben und somit immer als »Sieger« aus diesen Begegnungen herausgehen, ohne überhaupt mit dem anderen Hund direkten Kontakt gehabt zu haben. Das gibt Ihrem Hund irgendwann das Gefühl von Überlegenheit und Unbesiegbarkeit. Aber wehe, Sie passen nicht auf und Ihr Hund trifft im Freilauf auf einen fremden Hund. Da das Verbellen auf dem Arm funktioniert, wendet er die gleiche Taktik an, meistens rennt er noch auf den ver-

meintlichen Widersacher zu, wenn dieser auf das Bellen alleine nicht reagiert. Wenn Sie Glück haben, lässt sich der andere Hund beeindrucken und trollt sich. Gerät er aber an einen selbstbewussten oder sogar aggressiven Hund, der sich solch ungebührliches Benehmen nicht gefallen lässt, wird dieser Ihren Vierbeiner in die Schranken weisen. Das kann dann schon mal in einer Rauferei enden, bei der Ihr Hund unweigerlich den Kürzeren zieht. Das Problem liegt dann bei Ihnen, nicht bei dem anderen Hund, da Sie Ihrem Hund gar nicht die Möglichkeit gegeben haben, hundegerecht mit seinen Artgenossen Kontakt aufzunehmen.

Eine ähnliche Situation habe ich auf den Spaziergängen mit meinem Schäferhund-Husky-Mix selber schon erlebt. Der Besitzer eines Yorkshire Terrierrüden hatte ihn immer bei der Begegnung mit fremden Hunden auf den Arm genommen, aus Angst, ihm könne etwas zustoßen. Also auch, wenn er mir und meinem Titus begegnet ist. Der Hund verhielt sich dann genau so, wie eben beschrieben. Auch mehrere Hinweise, dass mein Hund seinen nicht zerfleischen würde, konnten die Meinung des Besitzers nicht ändern. (Übrigens auch nicht der Spaß, den ich mir einmal gemacht habe, indem ich meinen doch relativ großen Hund bei einer der Begegnungen auch auf den Arm genommen habe!) Als die beiden sich dann doch zufällig mal begegnet sind, ist der Kleine sofort auf Titus losgeprescht und hat ihn provoziert. Nun ist mein Hund allerdings so gelassen, dass er sich von so etwas nicht beeindrucken lässt und hat dem kleinen Großmaul keine weitere Beachtung geschenkt. Bei einem anderen Hund hätte das ggf. anders ausgesehen.

Sind Sie stolzer Besitzer eines Welpen, dürfen Sie Begegnungen mit anderen Hunden auf keinen Fall aus dem Weg gehen, Sie sollten solche Begegnungen sogar gezielt suchen. Ihr Welpe muss lernen, wie er sich erwachsenen fremden Hunden gegenüber hundegerecht zu benehmen hat. Das sollten Sie natürlich nach

Rücksprache mit Besitzern tun, deren Hunde kein Problem mit Welpen haben, denn einen generellen Welpenschutz gibt es nicht. In einer gut geführten Welpengruppe lernt Ihr Hund zwar auch richtiges Sozialverhalten gegenüber anderen Gleichaltrigen und mit geeigneten erwachsenen Hunden, die immer mal wieder an einer Welpenstunde teilnehmen. Aber diese Hunde kennt er irgendwann und wird sich entsprechend unbefangen oder sogar ungestüm verhalten. Damit er nicht meint, sich grundsätzlich so verhalten zu können, sind Begegnungen mit möglichst vielen verschiedenen Hunden sehr wichtig.

Grundsätzlich sollten Sie wissen, wie eine Hundebegegnung abläuft. Wenn fremde und gut sozialisierte Hunde sich begegnen, gehen sie langsam aufeinander zu und stellen sich nebeneinander. Die Analregion des jeweils anderen Hundes wird dabei beschnüffelt, um festzustellen, wer denn der andere ist und welchen Status er wohl einnimmt. Nach dieser »Analkontrolle« sind in der Regel die Fronten geklärt und jeder geht seiner Wege, oder es entwickelt sich ein gemeinsames Spiel. Auch bei Hunden gibt es Sympathie und Antipathie. Ob man sich mag, wird durch diese spezielle Form der Begrüßung festgestellt. In diesem Zusammenhang weise ich ausdrücklich daraufhin, dass viele Hundebesitzer ihren Hund bezüglich eines weit verbreiteten Verhaltens missverstehen. Einige Hunde legen sich nach der Entdeckung eines anderen Hundes auf den Bauch und fixieren ihr Gegenüber zunächst nur mit ihrem Blick. Hat der andere Hund eine gewisse Distanz unter-

Zwei »kämpfende« Welpen.

»O.K., du hast gewonnen!«

schritten, stürmt der liegende Hund plötzlich los und scheint den anderen fast umrennen zu wollen. Dieses Verhalten ist keineswegs freundlich und etwa als Spielaufforderung zu verstehen. Dieses Verhalten zeigen sehr selbstsichere Hunde, die sich allen anderen überlegen fühlen. Das Losstürmen ist aber nicht die feine Art der Begrüßung unter Hunden, zumal der bestürmte Hund überhaupt keine Chance hat festzustellen, was da gerade auf ihn zukommt. Ihm bleiben oft nur zwei Möglichkeiten. Die Flucht, oder der Angriff, in manchen Fällen die beste Verteidigung. Einige Hunde ergeben sich allerdings auch ihrem Schicksal und versuchen den anderen mit allen zur Verfügung stehenden Mitteln zu beschwichtigen. Sie legen sich auf den Rücken, vermeiden demonstrativ Blickkontakt und verhalten sich überhaupt ganz still.

In aller Regel passiert weder bei solchen noch bei anderen Hundebegegnungen etwas, aber gerade diese oft falsch verstandene Begrüßung sollten Sie bei Ihrem Hund nicht durchgehen lassen. Es ist einfach rüpelhaftes Verhalten.

Haben Sie Ihren Hund angeleint und treffen einen ebenfalls angeleinten Hund, klären Sie mit dem Besitzer, ob er mit einer Kontaktaufnahme einverstanden ist. Wenn nicht, gehen alle ihrer Wege. Wenn doch, leinen Sie die Hunde aus ein paar Metern Entfernung voneinander ab. Sie können sich dann in aller Ruhe begrüßen und feststellen, ob sie Freundschaft schließen wollen. Hundebegegnungen, bei denen die Hunde an der Leine gehalten werden, sollten Sie möglichst vermeiden und wenn, dann nur mit sehr lockerer Leine. Bleiben die Hunde nämlich an einer zu kurzen Leine, fixieren sie sich automatisch mit den Augen und das führt meistens zu Konflikten. Hunde versuchen Blickkontakt möglichst zu vermeiden, da »Mit-dem-Blick-Fixieren« in der Hundesprache bedeutet, eine Konfrontation nicht zu scheuen. Das wollen wir aber gerade vermeiden und den Hunden daher die Möglichkeit geben, sich artgerecht zu begrüßen, nämlich erst einmal durch die Analkontrolle. Ist die Leine dafür zu kurz, ist dies nicht möglich, manche Hunde sehen sich ihrer Fluchtmöglichkeit durch die Leine beraubt und verteidigen sich. Andere Hunde meinen bei zu großer Nähe zum eigenen Besitzer, diesen gegenüber dem anderen verteidigen zu müssen, und greifen aus diesem Grund plötzlich an. Da sich die Hunde selbst an langer Leine verheddern können, lassen Sie die Leinen besser weg. Sollte es doch einmal zu einer ernsthaften (sehr seltenen) Auseinandersetzung kommen, versuchen Sie die Hunde nicht zu trennen. Schwere Bissverletzungen sind nicht auszuschließen, da Hunde in einem wirklich ernsten Kampf nicht zwischen Freund und Feind unterscheiden. Haben Sie Pech, werden Sie beim Trennungsversuch sogar von Ihrem eigenen Hund gebissen. Haben Sie keinen Eimer Wasser zur Hand, oder beide Besitzer können die Hunde nicht gleichzeitig bei der Rute packen und sie dadurch trennen, bleibt Ihnen nichts anderes übrig als abzuwarten. Das klingt schlimm, ist aber immer noch besser, als sich selber in Gefahr zu bringen. Meistens sehen solche Kämpfe auch gefährlicher aus, als sie tatsächlich sind, wenn bei beiden Hunden die Beißhemmung etabliert ist (siehe auch unter »Beißhemmung«, Seite 112f). Bei diesen Kämpfen, bei denen ganz fürchterlich geknurrt wird und wo auch geschnappt wird (meistens in die Luft), redet man von so genannten »Kommentkämpfen«. Zwar können manchmal Verletzungen auftreten, die sind aber meistens in keiner Weise lebensbedrohlich und können zur Not vom Tierarzt behandelt werden. Hunde sind als Rudeltiere normalerweise nicht daran interessiert, ihre Gegner ernsthaft zu verletzen, von Ausnahmen natürlich abgesehen. Am besten entfernen Sie sich, den Hundenamen rufend, möglichst schnell und weit vom Ort des Geschehens, in der Hoffnung, dass beide Hunde ihren Besitzern folgen werden. Auf keinen Fall bleiben Sie in unmittelbarer Nähe und versuchen auch noch durch lautes Geschrei, die Hunde von ihrem Tun abzuhalten. Ich weiß, wie schwer das für unerfahrene Hundebesitzer ist, aber reißen Sie sich trotzdem am Riemen. Das Geschrei bestärkt die Hunde zusätzlich, sie haben den Eindruck, als würden sie vom Besitzer unterstützt und angefeuert. Das ist natürlich absolut kontraproduktiv. Versuchen Sie Ruhe zu bewahren und im Hinterkopf zu behalten, dass solche Auseinandersetzungen in der Regel glimpflich verlaufen.

Richtiges Spielen

Welpen, aber auch ältere Hunde spielen in der Regel sehr gerne. Daher bietet der Fachhandel auch ein riesiges Sortiment verschiedener Spielsachen an. Manches ist sehr nützlich, Anderes weniger – dazu später mehr.

Spielen Sie so oft es geht mit Ihrem Welpen. Und da meine ich wirklich mit Ihrem Welpen. Zum einen trainiert es sein Gehirn – weitere Verbindungen zwischen den Nervenzellen werden angelegt – zum anderen, und das ist fast noch wichtiger, fördert es die Bindung zwischen Ihnen und Ihrem Hund. Es gibt nichts Wichtigeres, als eine gute Bindung zwischen Hund und Halter, und das bedeutet, dass Ihr Hund Sie quasi als Mittelpunkt des Universums betrachten sollte. Sie müssen in den Augen Ihres Hundes so spannend und attraktiv sein, dass alles andere dem Hund weniger wichtig ist.

Um in der Beliebtheitsskala Ihres Hundes auf Platz Eins zu kommen, ist das gemeinsame Spielen ein erster und sehr wichtiger Schritt.

Eine gute Bindung ist ohnehin Grundlage für die spätere Ausbildung des Hundes und deshalb muss man ständig daran arbeiten.

Vor dem richtigen Spielen daher einige Worte zur Bindung, weil sie so entscheidend für das Zusammenleben zwischen Hund und Halter ist. Fehlt eine gute Bindung, führt das meistens zu Problemen. Diese äußern sich vor allem dadurch, dass Ihr Hund sich nur schlecht auf Sie konzentriert und zwar gerade dann, wenn Sie mit ihm etwas üben wollen. Sie werden immer wieder Schwierigkeiten haben, Ihren Hund zu sich zurückzurufen. Ihm wird in diesem Moment alles andere wichtiger sein, als zu Ihnen zurückzukommen. Das Grundübel liegt dann nicht an mangelndem Gehorsam, sondern vor allem an der mangelnden Bindung zu Ihnen. Wie gesagt, eine gute Bindung ist Voraussetzung für ein erfolgreiches (Gehorsams-)Training.

Die meisten Hundebesitzer bauen anfangs eine gute Bindung zu ihrem Hund auf, verschlechtern sie dann aber unbewusst auch wieder. Im Folgenden beschreibe ich einfach mal zwei Verhaltensweisen, die dazu führen, dass Sie nicht auf Platz eins der Beliebtheitsskala Ihres Hundes landen oder wieder von Platz eins verdrängt werden.

❯ Beispiel Eins:

Sie beginnen einen Spaziergang mit dem angeleinten Hund. Wenn Sie an dem Punkt angekommen sind, wo der Hund frei laufen darf, leinen Sie ihn ab und kümmern sich nicht weiter um ihn. Vielleicht sind Sie mit jemandem unterwegs und unterhalten sich. Was macht Ihr Hund? Er läuft durch die Gegend, schnüffelt und erkundet die Umgebung. Dabei wird er sich, je älter er wird, immer weiter von Ihnen entfernen, da bei Ihnen ja nichts passiert, was spannender wäre, als auf Erkundungstour zu gehen.

HIER EINIGE TIPPS, WIE SIE EINE GUTE BINDUNG ERREICHEN KÖNNEN

❯ Verstecken Sie sich zwischendurch so, dass es der Hund nicht merkt und Sie wieder finden muss. Loben Sie ihn ausgiebig, wenn er das geschafft hat.

❯ Springen Sie mit dem Hund über einen Bach und balancieren Sie mit ihm über einen Baumstamm.

❯ Lassen Sie Leckerchen fallen und Ihren Hund suchen, oder sonstige Gegenstände wie Handschuhe, und belohnen Sie ihn fürs Finden.

❯ Rennen Sie, wenn er zu Ihnen hinsieht, in die entgegen gesetzte Richtung davon, damit er Sie einholen muss.

❯ Spielen Sie mit ihm.

❯ Machen Sie Gehorsamsübungen, soweit der Entwicklungs- und Ausbildungsstand des Hundes dies zulässt.

Alle diese Möglichkeiten stärken die Bindung zwischen Ihnen und Ihrem Hund, und zusätzlich wird Ihr Hund geistig gefordert.

Machen Sie den gemeinsamen Spaziergang interessant. Lassen Sie Ihren Hund z. B. über einen Baumstamm balancieren.

Wenn Sie Ihren Hund rufen, dann nur, um einen Fahrradfahrer, Jogger, oder Spaziergänger vor Ihrem Hund zu beschützen, grundsätzlich die richtige Vorgehensweise. Ist er bei Ihnen angekommen, leinen Sie ihn an, ohne sich wieder mit ihm zu beschäftigen. Ist die Gefahr gebannt, darf er wieder frei laufen. Machen Sie das auf diese Art und Weise regelmäßig, lernt Ihr Hund automatisch, dass irgendetwas Ungewöhnliches passiert, wenn er gerufen wird, denn sonst würden Sie ihn ja nicht rufen. Dadurch, dass er erst mal angeleint wird, machen Sie ihm den Fahrradfahrer, Jogger oder Spaziergänger unbewusst erst mal richtig interessant (»Warum darf ich da nicht hin?«). Und – viel schlimmer! – der Hund lernt, immer, wenn Sie ihn gerufen haben und er kommt, muss er an die Leine, was seinen Bewegungs- und Freiheitsdrang einschränkt.

Das führt irgendwann dazu, dass Ihr Hund nach Ihrem Heranrufen erst mal in Ruhe beobachtet, was denn Spannendes passieren könnte und, wenn er überhaupt kommt, so weit von Ihnen wegbleibt oder wieder wegläuft, dass Sie keine Chance haben, ihn an die Leine zu nehmen.

Ein wichtiger Tipp: Rufen Sie Ihren Hund immer wieder mal einfach so zu sich. Geben Sie ihm ein Leckerchen, wenn er kommt (siehe auch unter Belohnung und Bestrafung) und schicken Sie ihn zur Belohnung wieder weg. Von 15 Mal Herkommen sollte der Hund 14 Mal sofort wieder laufen dürfen, so erhöhen Sie die Chance, ihn anleinen zu können, wenn es wirklich notwendig ist. Außerdem geben Sie dem Hund durch passives Verhalten beim Spaziergehen das Gefühl, dass bei Ihnen selber ohnehin nichts Aufregendes passiert. Da kann man doch besser stöbern gehen und der Spaziergang landet automatisch auf einem Platz in der Beliebtheitsskala, der über dem liegt, den Sie einnehmen.

› Beispiel Zwei:

Sie gehen häufig in der oben beschriebenen Art und Weise und gehen gezielt dahin, wo sich Ihr Hund so richtig mit anderen Hunden austoben kann. An entsprechender Stelle angekommen, wird der Hund abgeleint und darf sich schön mit seinen Artgenossen beschäftigen. Danach geht es angeleint wieder nach Hause. Ihr Hund wird sehr schnell das Spielen mit seinen Kameraden auf jeden Fall viel interessanter finden als Sie. Auf der Beliebtheitsskala Ihres Hundes sind Sie in jedem Fall wenigstens auf Platz Drei abgerutscht, da die ersten beiden Plätze durch das Spielen mit den anderen Hunden oder einen normalen Spaziergang belegt sind. Und es gibt noch weitere Beispiele dieser Art.
Bitte nicht falsch verstehen: Spaziergänge und das Spielen mit anderen Hunden sind sehr wichtig – aber alles zu seiner Zeit und in der richtigen Dosierung. Solange, wie Sie Platz eins einnehmen, ist das alles kein Problem. Also machen Sie sich auch auf einem normalen Spaziergang interessant und wichtig für Ihren Hund, dadurch erhalten Sie eine gute Bindung.

Die geistige Beschäftigung eines Hundes ist mindestens so wichtig wie die körperliche Auslastung. Achten Sie darauf, dass Sie Ihren Hund regelmäßig sowohl körperlich als auch geistig (zum Beispiel mit Agility, Dummy- und Fährtenarbeit, Dog-Dancing, Obedience, o.Ä.) fordern.

Wenn Sie lediglich seine körperliche Auslastung durch immer langere Fahrradtouren oder immer ausgedehntere Spaziergänge trainieren, müssen Sie damit rechnen, dass er eine immer größere Kondition bekommt. Sie dürfen sich dann nicht wundern, dass er nach einem entsprechend langen Ausflug immer noch nicht »K.o.« ist, sondern ein Spielzeug anschleppt. »Eigentlich müsste der doch total kaputt sein!?« Prinzipiell ist das kein Nachteil, Sie müssen dann aber gewährleisten können, dass Sie ihm dieses

»Fitnessprogramm« täglich bieten können und nicht nur in Ausnahmesituationen.

Jetzt also zum richtigen Spielen. Was meiner Meinung nach nicht geeignet ist, um mit einem Hund zu spielen oder ihn auszulasten, ist das ständige Werfen von Bällen oder Stöckchen. (Neben den nachfolgend beschriebenen Nachteilen bergen Stöckchen außerdem eine hohe Verletzungsgefahr, da sich abgebrochene Stücke in den Rachenraum bohren oder sich zwischen den Zähnen verkeilen können. Bei Tennisbällen nutzt sich das Gebiss durch ständiges »Knautschen« beim Zurückbringen durch die Fasern des Balles überproportional ab.)
Wirft man also ständig etwas durch die Gegend, beschäftigt sich der Hund vielmehr mit dem weggeworfenen Gegenstand als mit seinem Halter und nebenbei fördert man das Jagdverhalten seines Hundes. Ein sich schnell bewegender Gegenstand stellt für einen Hund einen sehr großen Reiz dar und veranlasst ihn instinktiv, diesen zu verfolgen. Irgendwann macht der Hund keinen Unterschied mehr zwischen Bällen, Stöckchen, Radfahrern, Joggern oder wegrennendem Wild. Schon hat man unbewusst das Jagdverhalten seines Hundes, was ja einen seiner lebenswichtigen Triebe darstellt, gefördert. Ein weiteres Problem besteht darin, dass man den Hund auf einem hohen Stresslevel hält, je mehr man dieser Beschäftigung nachgeht. Der Hund möchte am liebsten nur noch hinter Bällen oder Stöckchen herlaufen, je öfter und länger, desto besser. Bekommt er diese Befriedigung nicht, wird gejault, gebellt und alles Mögliche versucht, den Halter doch noch dazu zu bewegen, endlich etwas wegzuwerfen. Kommt man dem Betteln nach, um wenigstens zwischendurch seine Ruhe zu haben, geht die Konzentration auf den Halter unweigerlich verloren und der Hund lernt, dass sein Verhalten wunderbar funktioniert. Das Jagen eines sich bewegenden Gegenstandes – hoffentlich kein Wild – steht in der Beliebtheitsskala des Hundes

Cooper beim Agility.

den, die sich gerade in der Zahnung befinden zu schonen, kann man zum Beispiel auch ein Handtuch benutzen, damit die Beißauflage größer und weicher ist. Die manchmal geäußerte Befürchtung, Zerrspiele könnten bei Welpen zu einer Gebissverformung führen, halte ich für ein Märchen.

Bis der Welpe die unten aufgeführten Regeln gelernt hat, lassen Sie ihn an der Leine. Unter Umständen binden Sie die Leine um Ihr Bein oder den Bauch, damit er mit dem Seil nicht weglaufen kann, falls Sie es aus Versehen mal loslassen.

über Ihnen, und er wird ständig jaulen und bellen um es zu bekommen.

Viel besser, wenn auch in mancher Literatur geradezu verteufelt, sind die Zerrspiele. Gerade in älteren Büchern wird davon abgeraten, weil es zu Dominanzproblemen mit dem Hund führen würde. Da ich an anderer Stelle schon etwas zu vermeintlichem Dominanzverhalten gesagt habe und diese Auffassung nicht vertrete, bin ich also sehr wohl dafür, solche Spielchen mit dem Hund zu veranstalten.

Dafür gibt es einen sehr wichtigen Grund: Der Hund ist durch das Zerren an einem Gegenstand, den ich in der Hand behalte, ausschließlich auf mich fixiert. Er sieht mich die ganze Zeit an und macht die Erfahrung, dass ich fürchterlich spannend bin. Normalerweise zerrt ein Hund sehr gerne an Gegenständen. Um in diesen Genuss zu kommen, muss er sich aber mit mir beschäftigen.

Dieses Zerrspiel sollte allerdings nicht ohne gewisse Regeln durchgeführt werden, wobei ich schon an anderer Stelle daraufhin gewiesen habe, dass der Hund gewisse Regeln kennen und beachten soll.

Als Zerrgegenstand eignet sich sehr gut ein dickes Seil mit zwei oder mehr Knoten (im Fachhandel erhältlich). Um das Gebiss von Hun-

»Cooper« beim Dummytraining.

Beginn des Zerrspiels: Der Hund wartet darauf, dass es losgeht.

Das Seil wird interessant gemacht, ohne dass es der Hund sofort bekommt.

Nach dem Kommando »Nimm es« wird gegenseitig am Seil gezerrt.

Mit dem Kommando »Schluss« wird das Spiel beendet.

Aus den Augen aus dem Sinn: Nach dem Loslassen das Seil hinter dem Rücken verstecken.

Üben Sie mit Ihrem Welpen das Zerrspiel dann wie folgt:

Zeigen Sie Ihrem Hund das Seil und machen Sie es durch Herumfuchteln vor seiner Nase, oder Hin- und Herziehen auf dem Boden, für ihn interessant. Geben Sie es ihm nicht sofort, machen Sie das Seil und damit auch sich selbst erst einmal richtig spannend. So sorgen Sie gleichzeitig für ein wenig Frustration bei Ihrem Hund. Etwas Frustration ist übrigens sehr hilfreich, da Ihr Hund, je öfter er mit solchen Situationen konfrontiert wird, allmählich lernt, mit Frust umzugehen. In der Folge wird er gelassener auf seine Umwelt reagieren.

Bewegen Sie sich mit dem Seil und bleiben Sie nicht einfach auf der Stelle stehen. Dann geben Sie Ihrem Hund irgendein Signal dafür, dass er reinbeißen darf und lassen ihn zerren, Sie halten dabei das Seil fest. Geben Sie das Signal, zum Beispiel »Nimm es« in ruhigem Ton und benutzen Sie immer das gleiche Signal. Lassen Sie den Hund eine Zeit lang zerren, und geben Sie dann ein Signal dafür, dass er wieder loslässt. Auch dieses Signal geben Sie in ruhigem Tonfall und benutzen immer das Gleiche, beispielsweise »Schluss«. Beide Signale, »Nimm es« und »Schluss«, geben Sie immer nur ein Mal und in ruhigen Tonfall.

Benutzen Sie das Kommando »Schluss« öfter und in der Folge immer lauter, glaubt der Welpe, dass er solange nicht loslassen muss, wie Sie das nicht drei bis vier Mal und in steigender Lautstärke verlangt haben.

Nach dem Signal »Schluss« verharren Sie und warten, bis er loslässt. Durch das reglose Verharren ist das Zerren plötzlich nicht mehr interessant. Nach dem Loslassen spielen Sie sofort wieder, um den Hund für richtiges Verhalten zu belohnen.

Klappt das Loslassen auf diese Weise nicht so gut, greifen Sie zeitgleich mit dem Signal mit der freien Hand (die andere hält das Seil noch fest) von unten an die Schnauze und drücken die Lefzen gegen die Zähne des Welpen. Das tut nicht übermäßig weh, ist für den Welpen aber unangenehm und er lässt sofort los. Macht er die Erfahrung ein paar Mal, reicht dann nämlich das einmalige und in ruhigem Tonfall gesprochene »Schluss« aus. Auf das einmalige Geben eines Signals und den ruhigen Tonfall sollten Sie immer achten, egal, was Sie von Ihrem Hund möchten, ansonsten passiert sehr schnell das oben Beschriebene.

Greifen Sie Ihrem Hund nicht von oben über die Schnauze. Der Hund könnte diese Geste, obwohl Sie nicht unbedingt mit dem Schnauzgriff der Mutter als »Bestrafung« oder Dominanz gegenüber ihren Welpen verglichen werden kann, trotzdem als Bestrafung oder dominantes Verhalten empfinden (siehe auch unter Tabu setzen, »Belohnung und Bestrafung«, Seite 82ff). Wir wollen aber nur, dass der Hund loslässt und nicht Bestrafung oder Dominanz zu spüren bekommt, schließlich befinden wir uns im Spiel.

Wollen Sie das Spiel beenden und verhindern, dass Ihr Hund danach an Ihnen hochspringt, um wieder an das Seil zu gelangen, verstecken Sie es nach dem Loslassen blitzschnell hinter Ihrem Rücken. Dadurch, dass Sie auch immer ein Signal dafür geben, dass er in das Seil beißen darf, lernt er mit der Zeit, dass ihn das Seil solange nicht zu interessieren hat, bis Sie ihm das entsprechende Signal geben.

Ziel sollte es sein, dass Sie irgendwann mit dem Seil herumfuchteln oder es wegwerfen können, ohne dass sich Ihr Hund dafür sonderlich interessiert. Er wartet schließlich auf Ihr »Nimm es«.

Ganz toll ist es für einen Hund natürlich auch, mit seinem Besitzer auf dem Fußboden herumtollen zu können. Sie sind dabei mit dem Hund auf Augenhöhe, es kann sich gekugelt, angerempelt und gerauft werden, so wie mit anderen Hunden. Dabei kann man auch wunderbar die Beißhemmung trainieren (siehe auch unter »Beißhemmung«, Seite 112f).

Achten Sie darauf, dass immer Sie ein Spiel beginnen und es auch wieder beenden. Lassen Sie sich nicht von Ihrem Hund dazu auffordern. Falls Ihr Hund Ihnen seine Spiellaune zeigt, gehen Sie nicht darauf ein, sondern warten ab, bis er sich mit sich selbst beschäftigt. Erst dann beginnen Sie das Spiel und beenden es auch, bevor Ihr Hund die Lust verliert.

Beherzigen Sie diesen Rat nicht, lernt Ihr Hund, dass er bestimmen kann, wann gespielt wird und unter Umständen auch was. Dieses Verhalten kann Ihnen beim Gehorsamstraining unnötige Probleme bereiten. Ihr Hund setzt sich zum Beispiel dann hin, wenn er will, und er steht auch wieder auf, wenn er will.

Ein sehr schönes Spielzeug ist übrigens ein Ball oder Würfel mit ein bis zwei Löchern, die man mit Leckerchen füllen kann. Ihr Hund muss sie vor sich herrollen, damit die Leckerchen nach und nach herausfallen. Eine schöne Beschäftigung, die nebenbei die geistige Ausdauer Ihres Hundes fördert. Will er an alle Leckerchen herankommen, darf er nicht so schnell aufgeben. Auch das ist für seine Ausbildung nützlich.

SPIELZEUG INTERESSANT HALTEN!

Lassen Sie dem Hund nicht permanent Zugang zu sämtlichem Spielzeug, sondern schließen Sie alles bis auf ein oder zwei Teile weg. Geben Sie abwechselnd mal das eine oder das andere heraus. Ansonsten sind die Spielsachen schnell langweilig.

Schöne Beschäftigung: »Leckerchenball«, aus dem durch Herumrollen nach und nach Leckerchen herausfallen.

Holzkreisel: Durch Drehen der einzelnen Scheiben, muss sich der Hund zu den Leckerchen vorarbeiten.

Hütchenspiel: Der Hund muss die Hütchen einzeln herausziehen, um an die Leckerchen zu gelangen.

Mit Pfote oder Schnauze müssen die Klötze verschoben werden, um die Leckerchen zu finden.

Einen ähnlichen Effekt hat auch das Verstecken von Leckerchen zu Hause oder auf einem Spaziergang, zumal der Hund seine Nase einsetzen muss, um sie zu finden. Solche Suchspielchen strengen einen Hund sehr an, sie lasten ihn geistig aus. Lassen Sie Ihrer Fantasie freien Lauf, verstecken Sie Leckerchen in Eimern, alten Socken oder unter dem Teppich. Im Fachhandel gibt es auch entsprechende Holzspielzeuge. Einen Kauknochen können Sie auch fest in Zeitungspapier einwickeln, bevor der Hund ihn einfach so zum Kauen bekommt. Das Schönste an einem Geschenk ist doch oft das Auspacken.

Beißhemmung

Bis zur Zahnung (siehe auch unter »Hygiene und Gesundheit«, Seite 124), hat ein Welpe seine Milchzähne, die sehr spitz sind. Diese werden im Spiel mit Artgenossen und Menschen natürlich auch eingesetzt, da ein Hund im Gegensatz zu uns Zweibeinern nicht die Möglichkeit hat, jemanden mit seinen Pfoten anzufassen. Im Spiel mit unserem Hund tragen wir dann schon einmal die ein oder andere Schramme und Macke davon. Das darf allerdings nicht sein und sollte auch nicht toleriert werden.

Beim Spielen mit Artgenossen wird die Beißhemmung trainiert.

Betrachtet man das Spielen der Welpen unter-einander, wird man Folgendes feststellen: Ein Welpe, der beim Spielen zu doll gezwickt wird, jault auf und bricht das Spiel mit seinem Pei-niger sofort ab. Manchmal wird vorher noch einmal kräftig zurückgezwickt. In jedem Fall wird das Spiel aber unterbrochen und plötz-lich steht derjenige, der zu heftig gezwickt hat, ohne Spielpartner da.

Folgende Erfahrung prägt sich dem zu unge-stümen Welpen ein: Beiße ich zu fest zu, wird das Spiel von meinem Partner sofort unter-brochen und ich werde gegebenenfalls selber schmerzhaft gezwickt.

In der Folge wird sich der Welpe also vorsich-tiger verhalten, und es entwickelt sich eine soli-de Beißhemmung gegenüber anderen Hunden, wobei natürlich weiterhin gekniffen wird, aber in der richtigen Dosierung. Dabei ist der Hund in gewissem Maße auch durch sein eigenes Fell geschützt. Das reicht aber nicht aus, es muss nämlich auch eine Beißhemmung gegenüber dem Menschen etabliert werden.

Dazu darf ein zu kräftiges Kneifen, weil man meint, der Hund wisse es halt noch nicht bes-ser, auf keinen Fall toleriert werden. Vielmehr muss man so reagieren, wie es ein betroffener Spielkamerad tun würde: Laut »Aua« rufen und das Spielen sofort unterbrechen.

Das gilt im Übrigen nicht nur für das Zwicken in die Haut, sondern genauso wie das Zerren an Hosenbeinen oder Ärmeln. Das muss sofort unterbunden werden, dabei sollten Sie beim Zwicken die Maßstäbe ansetzen, wie ein Klein-kind das Zwicken empfinden würde. Erwach-sene können Schmerzen nun einmal besser aushalten.

Vielfach kann man lesen, dass unerwünschtes Verhalten vom Hund ignoriert werden soll. Zuerst würde sich das Verhalten noch einmal verstärken, dann würde es aber nachlassen und dann komplett verschwinden. Das ist zwar grundsätzlich richtig (siehe zum Beispiel unter

»Anspringen«, Seite 147f), aber in bestimmten Situationen muss dem Hund einfach klar ge-macht werden, wo seine Grenzen sind, wobei ein solches Verhalten nichts mit Aggressivität oder gar Gefährlichkeit zu tun hat.

Ein Hund kann nur so reagieren, wie er es von seinem Besitzer gelernt hat. Lassen wir also zu heftiges Kneifen und Zerren zu, sind wir selber schuld, nicht der Hund.

Hunde und Kinder

Ein Hund ist ein toller Spielkamerad für Kinder und sie lernen durch den Umgang mit ihm, Ver-antwortung zu übernehmen. Da insbesondere kleine Kinder aber unberechenbar sind, achten Sie darauf, dass sie vernünftig mit dem Hund umgehen. An den Ohren oder an der Rute zie-hen ist tabu, ebenso wie treten oder schlagen. Gerade ein Welpe wird sich nicht entsprechend wehren können, wenn der Hund jedoch älter und größer wird, kann das ganz anders ausse-hen. Dann wird er sich vielleicht irgendwann wehren, und das kann bedeuten, dass er zu-schnappt. Lassen Sie kleine Kinder also nie un-beaufsichtigt mit Ihrem oder einem fremden Hund. Sie müssen auch eingreifen, wenn Ihr

Hunde können für Kinder tolle Spielkameraden sein.

Friedliches Miteinander. Trotzdem dürfen Kinder nie unbeaufsichtigt mit einem Hund alleine gelassen werden.

Hier die Regeln bei der Begegnung mit einem fremden Hund, die für Kinder und Erwachsene gleichermaßen gelten:

1. Immer erst den Besitzer fragen, ob man sich dem Hund nähern darf.

2. Ist das in Ordnung, nähert man sich dem Hund nicht frontal, sondern etwas seitlich. Dann hält man ihm die Hand hin, damit dieser daran schnuppern kann. Das heißt, dass eigentlich der Hund uns begrüßt und nicht umgekehrt. Man sollte dem Hund dabei nicht in die Augen sehen. Normalerweise meiden Hunde direkten Blickkontakt untereinander, um Konflikten aus dem Weg zu gehen. Derjenige, der Blickkontakt hält, dokumentiert, dass er der Stärkere ist. Das sollten wir bei einem fremden Hund unterlassen, er könnte sich sonst herausgefordert fühlen und ein Kämpfchen wagen. Bei dem eigenen Hund ist das völlig in Ordnung. Stimmt die Bindung, wird er schnell wegsehen, um uns zu beschwichtigen.

3. Will man den Hund dann streicheln, sollte man nicht über den Kopf oder Rücken streichen, dass kann ein Hund schnell missverstehen. Das Kopfstreicheln könnte er als Bedrohung empfinden, da die Hand von oben herunterkommt. Das Rückenstreicheln als Herausforderung. In der Hundesprache bedeutet den Kopf oder die Pfote auf den Rücken eines anderen zu legen, dass man der Stärkere ist. Das sollte man bei einem selbstbewussten Hund nicht ausprobieren. In beiden Fällen (Kopf- oder Rückenstreicheln) könnte Zuschnappen die Folge sein. Folglich streichelt man einen Hund am Hals,

Hund zu heftig mit Kindern spielt, da diese vielleicht nicht oder falsch reagieren (siehe auch unter »Beißhemmung (112f) und Anspringen (147f)«). Erklären Sie Ihren Kindern vor allem, wie sie sich einem fremden Hund nähern müssen. Da sie Erfahrung mit dem eigenen Hund haben, gehen Kinder in der Regel nämlich sehr unbedarft auf andere Hunde zu. Ein Hund, der daran nicht gewöhnt ist, kann sich eingeengt fühlen und weiß sich unter Umständen nicht anders zu wehren, als zuzuschnappen.

der Brust oder der Flanke. Die meisten Bissverletzungen bei Kindern entstehen übrigens deshalb im Gesicht, weil diese einen Hund gerne in den Arm nehmen, so wie einen Teddy auch. Da Hunde generell innigen Körperkontakt nicht besonders schätzen (Ausnahme ist das Kontaktliegen der Welpen), wehren sie sich häufig in solchen Situationen.

4. Kommt ein nicht angeleinter Hund auf einen zugelaufen, bleibt man einfach stehen, sagt nichts und sieht den Hund nicht dabei an (siehe oben). Man sollte ihm sogar den Rücken zudrehen. Er wird schnell das Interesse verlieren und wieder weggehen, weil man ihm keine Aufmerksamkeit schenkt (siehe auch unter »Anspringen«, Seite 147f). Auf keinen Fall darf man wegrennen und dabei vielleicht noch schreien, das wird der Hund sehr interessant finden und hinterherrennen. Fällt man dabei hin oder ein Kind wird einfach umgerempelt, könnte spätestens dann das Jagdfieber geweckt sein, und der Hund betrachtet einen als potentielle Beute. Das führt dann manchmal zu Bissverletzungen, weil der Hund versucht, seine Beute zu erlegen.

Mit größeren Hunden sollten Kinder alleine nur dann spazieren gehen, wenn die Hunde gut erzogen sind und die Kinder ihnen auch körperlich gewachsen sind. Man sollte aber nicht unterschätzen, welche Kraft auch ein kleiner Hund aufbringen kann, wenn er plötzlich durchstartet, weil er auf der anderen Straßenseite vielleicht eine Katze, ein Vögelchen, ein fliegendes Blatt oder einen anderen Hund entdeckt hat. Dann hat auch ein älteres Kind Mühe, den Hund mit körperlichem Einsatz zu halten.

Kontaktliegen bei Welpen.

Hygiene und Gesundheit

Das richtige Futter und Füttern

Vitalfunktionen

Impfungen

Wurmkur

Baden

Bürsten

Zecken und Flöhe

Ohren

Augen

Gebiss

Analdrüsen

Im Winter

Im Sommer

Achtung giftig

Magendrehung

Gesundheitscheckliste

Kastration – Ja oder Nein?

Das richtige Futter und Füttern

Für die ersten ein bis zwei Wochen gibt der Züchter dem neuen Besitzer in der Regel Welpenfutter mit, wenn der Hund abgeholt wird. Dieses sollte unbedingt weiter angeboten werden, da der Organismus eines Welpen auf abrupte Futterumstellung sehr sensibel mit Störungen wie Durchfall oder Erbrechen reagiert. Möchten Sie das Futter umstellen, muss das schrittweise erfolgen. Nach und nach, anfangs nur eine Handvoll, wird eine immer größere Portion des neuen Futters dem alten Futter untergemischt, bis Sie komplett auf das neue Futter umgestellt haben. Diese Umstellung sollte insgesamt einen Zeitraum von 10–14 Tagen umfassen.

Bis zu einem Alter von fünf Monaten sollten Sie auf jeden Fall Welpenfutter verabreichen, auch wenn dieses etwas teurer als normales Futter ist. Es lohnt sich meines Erachtens nicht, beim Futter zu sparen, da die teuren Futtermarken in der Regel ihren Preis wirklich wert sind und alle wichtigen Nährstoffe in der richtigen Dosierung enthalten, die für das Wachstum des Welpen ganz entscheidend sind. Außerdem ist die zu verfütternde Menge bei den teuren Produkten oft wesentlich geringer als bei Billigmarken, womit sich der Preis schon wieder relativiert.

Man kann natürlich auch über fünf Monate hinaus Welpenfutter verabreichen, das hilft oft aber nur der Futtermittelindustrie. Bei sehr großen Rassen ist es allerdings empfehlenswert, weil sie länger für das körperliche Wachstum brauchen als kleine Rassen. Das entsprechende Futter berücksichtigt durch seine Zusammensetzung diese längere Wachstumsphase.

Wichtig ist generell, nicht zu viel zu verfüttern. Guten Gewissens kann man 15–20 % der vom Hersteller empfohlenen täglichen Futtermenge abziehen. Der Hund wird deswegen nicht verhungern, zumal die zwischendurch gegebenen Leckerchen auch zur täglichen Futtermenge gehören.

Welpen dürfen in der Wachstumsphase nicht zu schnell zu viel an Gewicht zulegen, da Knochen, Muskeln und Gelenke dadurch zu stark belastet werden. Das Ende der Wachstumsphase, also der Zeitpunkt, wo der Hund sein Endgewicht erreicht hat, hängt stark von der jeweiligen Rasse ab. Generell sind Hunde kleiner Rassen früher ausgewachsen als Hunde großer Rassen. Um Zahnsteinbildung vorzubeugen, muss der Hund regelmäßig etwas Hartes zum Kauen bekommen. Beim Trockenfutter ist dieser Effekt gegeben, bei Nassfütterung empfiehlt es sich, täglich entweder hartes Brot oder ein hartes Hundebisquit zu verabreichen. Ihr Züchter oder der Tierarzt wird Sie gerne beraten.

Achten Sie darauf, dass das Hundefutter keinen übermäßig hohen Anteil an Rohprotein enthält. Rohprotein ist ein Energielieferant, ein Anteil von bis zu 26 oder 27 % reicht völlig aus. Nur Hunde, die zum Beispiel im Schutzdienst eingesetzt werden oder ständig Turniersport betreiben, benötigen Futter mit einem höheren Anteil an Rohprotein. Verfüttern Sie an einen normal belasteten Familienhund Futter mit über 26–27 % Rohprotein, erreichen Sie, dass der Hund ständig unter Strom steht, seine Energiereserven aber nicht entsprechend abbauen kann. Hyperaktivität kann dann die Folge sein, Stress für Hund und Besitzer.

Die Futtermenge sollte in den ersten Monaten auf drei bis vier Mahlzeiten täglich verteilt werden, da die Verdauung des Welpen mit weniger und dafür größeren Mahlzeiten nur sehr schlecht zurechtkommt.

Die Mahlzeiten sind möglichst zu gleichen Uhrzeiten zu verabreichen, damit sich der Organismus an einen bestimmten Rhythmus gewöhnen kann. Die letzte Mahlzeit sollte nicht unmittelbar vor der Nachtruhe gegeben werden, da nachts die Verdauung nur sehr langsam arbeitet.

Ein kerngesunder Weimaraner-Welpe, 10 Wochen alt.

Nach etwa sechs Monaten kann die Anzahl der Mahlzeiten verringert werden, allerdings sollten es nicht weniger als zwei pro Tag sein. Gerade bei großen Rassen besteht erhöht die Gefahr einer Magendrehung, wenn man die gesamte Futtermenge mit einer Mahlzeit verfüttert.

Das Futter sollte dem Welpen nach einigen Minuten wieder weggenommen werden, falls er es nicht anrührt. Da noch kein Hund vor einem vollen Futternapf verhungert, ist das ein oder andere Auslassen einer Mahlzeit kein Drama. Ohnehin kann ein Hund bis zu 14 Tagen ohne Futter auskommen, nur Wasser braucht er ständig.

Der Hund lernt bei mehrmaliger Wiederholung jedoch, dass seine Mahlzeit weg ist, wenn er sie nicht sofort auffrisst. Dieses Vorgehen hat den Vorteil, dass man sich einen Hund heranzieht, der sich immer begierig auf sein Fressen stürzen wird. Ist das dann einmal nicht der Fall, ist dem Hund gegebenenfalls unwohl oder er ist sogar richtig krank. Der Besitzer kann dann entsprechende Maßnahmen ergreifen und zum Beispiel den Tierarzt aufsuchen.

Hat ein Hund jedoch permanent Zugang zu seinem Fressen und nimmt nur hin und wieder ein paar Krümel zu sich, kann eine Krankheit unter Umständen viel schwieriger durch den Besitzer erkannt werden. Hunde haben ein anderes Schmerzempfinden als wir, wodurch Krankheiten oft erst spät entdeckt werden.

Gewöhnen Sie Ihren Hund an eine bestimmte Anzahl regelmäßiger Mahlzeiten, zum Beispiel drei, dann wird Ihr Hund in der Regel auch drei Häufchen am Tag machen und Sie können sich darauf einstellen.

Als Faustregel für die Figur eines Hundes gilt, dass man beim Streicheln die Rippen des Hundes gut fühlen sollte, ohne sich durch eine Fettschicht bohren zu müssen. Für die Gesundheit eines Hundes ist es ohnehin besser, er hat ein bisschen weniger als zu viel auf den Rippen, Rassestandard hin oder her. Der gesamte Bewegungsapparat und die inneren Organe des Hundes werden durch zu viel Gewicht unnötig belastet, was zu schwerwiegenden Folgen führen kann, wie Verformungen der Hüft- und Ellenbogengelenke (Dysplasien) oder Herzkrankheiten und mehr.

In etwa gelten folgende Angaben bis zum Erreichen des Endgewichtes:

bis 5,5 kg	➔ Endgewicht nach 6 Monaten
bis 9,0 kg	➔ Endgewicht nach 9 Monaten
bis 20,5 kg	➔ Endgewicht nach 15 Monaten
über 20,5 kg	➔ Endgewicht nach bis zu 24 Monaten

Vitalfunktionen

Diese wichtigen Daten zu den Vitalfunktionen des Hundes, die so genannten PAT-Werte (Puls, Atmung, Temperatur), sollten Sie als Hundebesitzer kennen:

VITALFUNKTIONEN

Puls		
	kleine Rassen	90–120 Schläge/Minute
	große Rassen	70–100 Schläge/Minute
Atemfrequenz		
	kleine Rassen	30–50 Atemzüge/ Minute
	große Rassen	23–30 Atemzüge/ Minute
Temperatur		
	Welpen	bis zu 39,3° C
	ausgewachsener Hund	38–39° C

Diese Werte sollten Sie ab und zu überprüfen, damit Ihr Hund im Notfall an die notwendigen Prozeduren gewöhnt ist und man im Falle eines Unfalls beispielsweise dem Hund nicht zusätzlichen Stress bereitet. Die Temperatur können Sie mit einem handelsüblichen Fieberthermometer im After messen. Dabei kann man die Spitze ggf. etwas einölen. Die Kontrolle der Atmung sollte kein Problem darstellen, wenn man die Flankenbewegung des Hundes beobachtet und zählt.

Den Puls misst man beim stehenden Hund an der Innenseite der Oberschenkel (Leistengegend). Dort verläuft eine Schlagader, die man mit etwas Übung einfach findet. Ein gesunder Hund hat außerdem rosa- bis braunfarbene, feuchte, glatte und glänzende Schleimhäute ohne Ablagerungen (Innenseite der Lefzen; Vagina).

Impfungen

Um den Hund vor lebensgefährlichen Erkrankungen zu schützen, ist eine regelmäßige Impfung unerlässlich.

Die Auseinandersetzung des Organismus mit verschiedenen abgeschwächten oder abgetöteten Erregern anlässlich von Impfungen führt zur Bildung von Schutzstoffen (Antikörpern). Diese werden mit der Muttermilch übertragen, so dass Welpen nach ihrer Geburt normalerweise auf diese Weise geschützt sind. Allerdings hält dieser Schutz nur wenige Wochen an, und die Jungtiere müssen frühzeitig durch Impfungen zur Bildung eigener Schutzstoffe angeregt werden.

Die Grundimmunisierung ist der erstmalige Aufbau eines Impfschutzes. Wegen der evtl. noch vorhandenen mütterlichen Schutzstoffe ist die Grundimmunisierung meist erst nach zweimaliger Injektion bei Jungtieren abgeschlossen.

Beim Welpen erfolgt die erste Impfung ab der sechsten Woche (Parvovirose und Staupe), ab der achten Woche erfolgt die zweite Impfung (Staupe, Hepatitis, Parvovirose, Parainfluenza und Leptospirose).

Die dritte Injektion erfolgt vier bis sechs Wochen später, hierbei wird dann auch gegen die Tollwut geimpft (SHPPiL+T).

Danach wird der Hund im jährlichen Rhythmus geimpft, die durchgeführten Impfungen werden im Impfpass dokumentiert.

Die Immunisierung bedeutet nicht, dass Ihr Hund nie an einer der geimpften Krankheiten erkranken kann, nur ist dann der Krankheitsverlauf erheblich abgemildert und kann besser behandelt werden.

Vor allem Welpen erkranken mitunter trotz Impfung am so genannten Zwingerhusten. Es handelt sich dabei um eine Infektion der Atemwege. Sobald Sie feststellen, dass Ihr Hund vermehrt hustet, sollten Sie ihn wegen der hohen Ansteckungsgefahr für andere Hunde von Artgenossen fern halten und Ihren Tierarzt aufsuchen.

Bei Reisen ins Ausland sollten Sie sich frühzeitig erkundigen, welche Bestimmungen das jeweilige Reiseland zum Impfschutz erlassen hat. Andernfalls kann es Ihnen passieren, dass Sie an der Grenze abgewiesen werden, wenn kein ausreichender Impfschutz vorhanden ist.

In manchen Ländern ist übrigens auch das Mitführen eines Maulkorbes Pflicht.

Wenn Sie Hunde bei grenzüberschreitenden Reisen innerhalb der EU mitführen, benötigen Sie für Ihren Vierbeiner einen so genannten EU-Heimtierausweis. Diese Regelung gilt seit dem 1. Oktober 2004.

Der EU-Heimtierausweis kann von einem niedergelassenen Tierarzt ausgestellt werden. Da es sich bei den neuen Ausweisen um ein amtliches Dokument handelt, muss der Tierarzt von den zuständigen Behörden zur Ausstellung autorisiert sein.

Der Ausweis muss dem Tier eindeutig zugeordnet werden können. Ihr Tier muss durch einen Chip (ISO-Norm 11784 oder 11785) in der Schweiz ab 2007, oder – übergangsweise noch bis zum Jahr 2011 (Deutschland) – durch eine Tätowierung identifizierbar sein.

Wurmkur

Welpen bekommen in der Regel schon von der Mutter Würmer »mit auf den Weg«, deshalb werden sie erstmals am zehnten Lebenstag entwurmt, mit Wiederholungen alle 14 Tage bis zur ersten Impfung. Wurmbefall hat also nicht unbedingt etwas mit mangelnder Hygiene zu tun. Ein Hund sollte daher regelmäßig (vier Mal pro Jahr) gegen Wurmbefall behandelt werden, die erste Wurmkur bekommen Welpen schon vor der ersten Impfung. Geschieht dies nicht, können schwere Krankheiten auftreten, die im Extremfall auch zum Tod führen. Außerdem sind einige Wurmarten auch auf den Menschen übertragbar. Sollten Sie Würmer oder »Reiskörner« (Bandwurm) im Kot entdecken, ist es allerhöchste Eisenbahn.

Das häufigste Symptom bei Wurmbefall ist Durchfall, allerdings können auch Krämpfe, Sehstörungen, Husten, Erbrechen, Haarausfall und vieles mehr auftreten.

Das Problem einer Wurmkur besteht darin, dass sie nicht prophylaktisch wirkt, sondern nur eventuell vorhandene Würmer abtötet. Deshalb ist eine regelmäßige Wurmkur so wichtig, damit sich diese Parasiten gar nicht erst so weit entwickeln können, dass sie für den Hund zum Gesundheitsproblem werden. Zu den geeigneten Präparaten berät Sie Ihr Tierarzt.

Baden

Um eines sofort vorwegzunehmen: Nur weil ein Hund sich so richtig dreckig gemacht hat, ist nicht immer ein Vollbad von Nöten!

Ein Vollbad schadet der Haut und dem Fell, weil der natürliche Säurehaushalt durcheinandergebracht wird. Daher sollte ein Vollbad nur dann erfolgen, wenn der Hund sich zum Beispiel in Gülle gewälzt hat, um diesen für uns

unangenehmen Geruch wieder los zu werden. Im Handel werden spezielle Hundeshampoos angeboten, die empfehlenswert sind, da sie die rückfettende Wirkung des Haarkleides nicht beeinträchtigen (für Welpen gibt es spezielle Shampoos).

Ansonsten reichen der Gartenschlauch oder die Dusche mit klarem Wasser völlig aus.

Übrigens ist das Wälzen in Aas oder Gülle ein normales Verhalten unseres Hundes. Man geht davon aus, dass mit diesem Verhalten der eigene Geruch überdeckt werden soll, damit er bei der Jagd nicht das anvisierte Opfer warnt. Zwar sind unsere Haushunde nicht mehr auf die Jagd zum Nahrungserwerb angewiesen (oder sollten es zumindest nicht sein), an diesem Verhalten erkennt man aber, dass der Hund vom Wolf abstammt und im Laufe der Entwicklung viele wölfische Verhaltensweisen erhalten geblieben sind.

Bürsten

Das regelmäßige Bürsten muss im Gegensatz zum Baden eine Selbstverständlichkeit sein, gerade bei langhaarigen Rassen, um einer Verfilzung des Felles vorzubeugen. Das Bürsten fördert die Durchblutung der Haut und sie finden unter Umständen Zecken oder Flöhe. Außerdem steigert die Beschäftigung mit dem Hund die Bindung zwischen Ihnen. Die passenden Utensilien finden Sie im Fachhandel.

Ist der Hund noch nicht an das Bürsten gewöhnt, gehen Sie behutsam vor, viele Hunde finden es anfangs eher unangenehm. Zeigen Sie dem Hund die Bürste oder den Kamm und lassen Sie ihn daran schnuppern – loben. Dann einen Strich bürsten, beziehungsweise kämmen – loben. Zwei Striche – loben. So machen Sie weiter, bis sich Ihr Hund daran gewöhnt hat. Später sind viele Hunde ganz wild darauf, gebürstet zu werden, weil sie es als angenehme Massage empfinden.

Zecken und Flöhe

Gerade in den wärmeren Monaten leiden Hunde unter Zecken- und Flohbefall.
Zecken können verschiedene Krankheiten übertragen (zum Beispiel Hirnhautentzündung oder Borreliose), daher sollten Sie Ihren Hund so gut es geht schützen. Ist Ihr Hund von Zecken befallen, entfernen Sie diese mittels einer Zeckenzange (siehe Foto Seite 58), die Sie im Fachhandel erhalten.

Dazu wird die Zecke mit der Zange direkt am in der Haut sitzenden Kopf gepackt und vorsichtig herausgezogen. Wichtig ist, dass auch der Kopf inklusive Beißapparat entfernt wird, da ansonsten eine Entzündung entstehen kann. Die Zecke bitte nicht am Hinterleib packen, weil dadurch Erreger aus dem Körper in die Blutbahn des Hundes gepresst werden könnten.
Flöhe sind für einen Hund ebenfalls sehr unangenehm. Man erkennt einen Flohbefall meistens an vermehrtem Kratzen, Lecken und »Ins-Fell-Beißen«, da die Bisse der Flöhe einen Juckreiz beim Hund auslösen. Untersuchen Sie

Eine Zecke, die sich bereits zur Hälfte mit Blut vollgesaugt hat.

das Fell Ihres Hundes gründlich, ob Sie Flohbisse, rötliche, oft vorgewölbte Hautreaktionen, finden. Bürsten Sie den Hund sorgfältig.
Bei Hunden mit dunklem Fell fallen die hellen Eier auf, bei hellem Fell eher der dunkle Flohkot, er stellt sich als kleine schwarze Punkte dar. Mit Wasser befeuchtet hinterlässt Flohkot, der aus getrocknetem und verdautem Blut besteht, rote Flecken.
Wird der Hund gegen Flohbefall behandelt, muss unbedingt auch die Umgebung mitbehandelt werden, um Ihnen später den Kammerjäger zu ersparen, da die Eier aus dem Fell des Hundes herausrieseln und sich im Hundekörbchen, dem Teppich und überall da, wo der Hund sich sonst noch aufhält, verteilen. Besonders die direkte Umgebung des Hundes – wie Körbchen, Decken usw. – muss gründlich gewaschen oder gereinigt werden.
Die beste Waffe im Kampf gegen Flöhe, deren Eier und Larven ist der Staubsauger oder ein Dampfreiniger. Entsorgen Sie den Staubsaugerbeutel sofort nach dem Großputz. Ansonsten besteht die Gefahr, dass die widerstandsfähigen Tiere durch die Düse wieder in die Wohnung krabbeln.
Im Gegensatz zum Wurmbefall, kann man seinen Hund durch verschiedene Präparate prophylaktisch vor Zecken und Flöhen schützen. Fragen Sie auch hierzu Ihren Tierarzt.

Ohren

Kontrollieren Sie regelmäßig die Ohren Ihres Hundes. Gerade bei Rassen mit »Schlappohren« lagert sich dort Schmutz ab, in dem sich in der Folge Milben ansiedeln können.
Sollte sich der Hund häufig an den Ohren kratzen, den Kopf schütteln oder diesen beim Laufen schief halten, ist das immer ein Indiz für Schmutz oder Milben im Ohr, oder sogar schon für eine Entzündung.

Entfernen Sie Ohrenschmalz, indem Sie ein mit Pflanzenöl getränktes Tuch um den Finger wickeln und damit alle erreichbaren Teile des Ohres ausreiben. Ein in Pflanzenöl getauchtes Wattestäbchen bitte nur mit äußerster Vorsicht verwenden, damit Sie die Schmutzpartikel nicht noch tiefer in den Gehörgang schieben. Es gibt aber auch Tropfen im Fachhandel oder beim Tierarzt. Im Zweifel besuchen Sie Ihren Tierarzt.

Augen

Auch Hunde können sich die Augen entzünden, zum Beispiel durch Zugluft. Man erkennt dies an tränenden, eitrigen Augen und an der rötlichen Färbung auf der Innenseite des Augenlides; dazu das untere Augenlid vorsichtig herunterziehen. Reinigen Sie das Auge vorsichtig mit einem feuchten Tuch, indem Sie vom Auge weg hin zum Fang streichen.
Bitte verwenden Sie nie eine Kamillenlösung. Diese schadet entgegen der landläufigen Meinung mehr, als sie nützt. Zum einen wirkt die Kamille stark allergieauslösend, was eine bereits bestehende Reizung verschlimmern kann, zum anderen befinden sich in Kamillenspülungen meistens noch Schwebeteilchen, die das Auge zusätzlich reizen. Sollte das Problem nicht in ein bis zwei Tagen behoben sein, wenden Sie sich an Ihren Tierarzt.

Gebiss

Wie der Mensch auch, hat der Welpe anfänglich Milchzähne, die bei der Zahnung durch bleibende Zähne ersetzt werden.
Folgender Übersicht können Sie entnehmen, wann welche Zähne durchbrechen, beziehungsweise durch bleibende ersetzt werden.
Dabei können die Angaben Rasse bedingt etwas variieren, bei einem Shi Tzu beispielsweise brauchen die Milchzähne bis zu zehn Wochen zum Durchbruch, dagegen beginnt und endet das Zahnen bei Welpen großer Rassen früher.

Das Gebiss sollten Sie regelmäßig auf Zahnsteinbildung kontrollieren. Zahnstein erkennt man

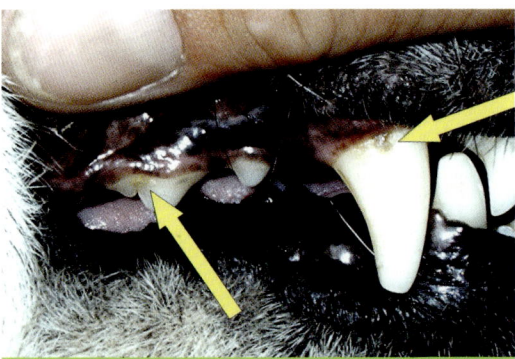

An den markierten Stellen sind Ansätze von Zahnstein zu erkennen.

ZAHNENTWICKLUNG

	Milchzähne	Bleibende Zähne
Eckzähne	3.–5. Woche	22.–30. Woche
Schneidezähne	4.–6. Woche	10.–22. Woche
vordere Backenzähne	4.–10. Woche	18.–26. Woche
Mahlzähne	Keine	22.–30. Woche

an gelblichen oder bräunlichen Verfärbungen der Zähne, beginnend am Zahnfleischansatz. Zur Vorbeugung empfiehlt sich Zähneputzen (Zahnbürste und -pasta gibt es im Fachhandel) und ab und zu ein Kauknochen, zum Beispiel aus getrockneter Rinderhaut. Meine Hunde ernähre ich mit Trockenfutter und habe damit sehr gute Erfahrungen gemacht. Ist Zahnstein bereits vorhanden, muss dieser, meist unter Narkose, vom Tierarzt entfernt werden

Analdrüsen

Unterhalb der Rutenwurzel befinden sich die so genannten Analdrüsen, die der Hund ab und zu beim Kotabsetzen selber entleert (stinkt fürchterlich).

Bei manchen Hunden (zum Teil auch rassebedingt) verstopfen diese Analdrüsen jedoch und können vom Hund nicht selber entleert werden. Das Entleeren muss dann der Tierarzt übernehmen.
Dass die Drüsen verstopft sein könnten, erkennen Sie daran, dass der Hund Schlitten fährt, das heißt mit angezogenen Hinterbeinen auf seinem Popo über den Boden rutscht. Oftmals beißen sich die Hunde auch selber am Rutenansatz und der Hund riecht an dieser Stelle sehr unangenehm.

Im Winter

Im Winter muss man darauf achten, dass der Hund nicht auskühlt. Bleiben Sie deshalb mit ihm in Bewegung, auch damit seine Pfoten nicht durch Streusalz angegriffen werden. Ist man viel auf gestreuten Wegen unterwegs, kann man die Hundepfoten vor dem Spaziergang mit Vaseline einreiben, hinterher die Pfo-

ten aber in jedem Fall gründlich reinigen, um sie vom Salz zu befreien.
Hat der Hund viel Fell zwischen den Pfoten (zum Beispiel West Highland White Terrier, Spaniel, usw.), sollte man das Fell zwischen den Ballen vorsichtig mit einer Schere abschneiden, andernfalls bilden sich im Schnee dicke Klumpen, die für den Hund beim Laufen sehr unangenehm sind.
Lassen Sie Ihren Hund möglichst keinen Schnee fressen. Das bekommt den meisten Hunden wegen der Kälte des Schnees überhaupt nicht, es kommt zu Magen-Darm-Reizungen, mit Durchfall oder Erbrechen als Folge (Lacteoltabletten, Schweiz: Laktoferment, können hier Erleichterung verschaffen).

Im Sommer

Bei hohen Temperaturen versucht ein Organismus, seine Körpertemperatur konstant zu halten, um zum Beispiel einen Hitzschlag zu vermeiden. Bei Menschen äußert sich das durch Schweißabsonderung, um die Oberfläche der Haut kühl zu halten.
Hunde haben im Gegensatz zu Menschen keine über den ganzen Körper verteilte Schweißdrüsen, sondern besitzen solche nur an den Unterseiten der Pfoten. Bei hohen Temperaturen können sie also nur über die Pfoten schwitzen, die Regulation der Körpertemperatur erfolgt daher überwiegend über die Atmung. Wenn es sehr warm ist, hecheln Hunde deswegen mitunter sehr stark. Durch das Hecheln erfolgt ein schnellerer Austausch kalter Luft, da die eingeatmete Luft auf dem Weg zur Lunge durch die feuchten Schleimhäute in den Atemwegen abgekühlt wird. Auf diese Weise wird das durch die Lungen transportierte Blut auf konstanter Temperatur gehalten.
Bei sommerlichen Temperaturen sollte man seinen Hund also keinen übermäßigen An-

An heißen Sommertagen genießen viele Hunde gerne eine Abkühlung im Wasser.

strengungen aussetzen, Spaziergänge und Fahrradfahren sind auf die kühleren Morgen- und Abendstunden zu beschränken. Wer im Sommer in der Mittagshitze mit seinem Hund Fahrrad fährt, macht sich eindeutig der Tier- quälerei schuldig, zumal dann, wenn man sich auch noch auf dem heißen Asphalt bewegt. Die meisten Hunde halten bei hohen Temperaturen am liebsten Siesta, und das sollten wir ihnen auch gönnen. Die Hunde wissen schon, was gut für sie ist.

Da Hunde in der Regel gerne ins Wasser gehen, machen Sie Spaziergänge am Wasser (See, Meer, Kanal usw.), oder stellen Sie im Garten ein ge- eignetes Planschbecken auf. Bei längeren Aus- flügen sollten Sie immer Wasser für den Hund mitnehmen, damit er nicht ständig aus Pfützen

saufen muss. Achten Sie am Meer unbedingt darauf, dass Ihr Hund kein Salzwasser trinkt. Bei großen Mengen führt das zum Tod.

Um Ihrem Hund Abkühlung zu verschaffen, können Sie zum Beispiel Kühlakkus unter seine Decke legen oder ein nasses Handtuch über ihn legen, sofern er sich das gefallen lässt. Außer- dem können sie ihm ab und zu einen Eiswürfel oder im Handel erhältliches Hunde-Eis zum Schlecken geben.

Bei langhaarigen Hunden oder solchen mit einem sehr dichten Fell kann man durchaus auch über eine (Sommer-) Schur nachdenken, wenn man nicht gerade mit seinem Hund Aus- stellungen besuchen möchte. Ein kürzeres Fell schafft enorme Erleichterung.

EINEN SONNENSTICH ERKENNT MAN AN FOLGENDEN SYMPTOMEN:

- hohe Atemfrequenz, starkes Hecheln
- hohe Herzfrequenz
- schwacher Puls
- blasse oder bläuliche Schleimhäute
- Schwäche, Taumeln
- Festliegen, das heißt, nicht mehr aufstehen können
- Erhöhte Körpertemperatur bis auf 42 °C
- Bewusstlosigkeit

ACHTUNG HITZESTAU!

Hunde bei großer Wärme im Auto zu lassen, ist auf jeden Fall zu vermeiden, da dort innerhalb sehr kurzer Zeit Temperaturen wie in einer Sauna entstehen können. Auch geöffnete Fenster bringen da nur sehr wenig Linderung. Große Hitze im Auto oder in stickigen Räumen kann außerdem zu einem Sonnenstich führen.

Erste-Hilfe-Maßnahmen bei einem Sonnenstich:

Verschaffen Sie dem Hund so viel frische Luft wie möglich und kühlen Sie den Hund mit nassen und kalten Umschlägen (Tücher, nasse Decke, Schlauch, Badesee, Badewanne, etc.). Den Hund langsam, an den Beinen beginnend kühlen. Lassen Sie ihn Wasser trinken, aber nicht zu kaltes. Und lassen Sie ihn ausruhen. Falls keine Besserung eintritt, fahren Sie zum Tierarzt (den Hund dabei weiter kühlen).

Versuchen Sie auch zu verhindern, dass Ihr Hund nach sämtlichen Insekten schnappt, die um ihn herumschwirren. Handelt es sich um eine Biene oder Wespe, kann er bei einem Stich in das Maul, den Rachenraum oder die Luftröhre wegen des Anschwellens der Atemwege daran ersticken. Neben Atemnot kommt es auch zur Blaufärbung des Zahnfleisches.
Sollte Ihr Hund gestochen worden sein, versuchen Sie permanent den Rachenraum zu kühlen (zum Beispiel Wasser mit Gartenschlauch

Für den Garten eignet sich im Sommer ein stabiles Planschbecken.

ins Maul spritzen oder Eis zum Schlecken geben, wenn der Hund kein kaltes Wasser trinken will). Außerdem müssen Sie den Hund auch von außen mittels nasser und kalter Umschläge (Coolpacks) kühlen. Auf jeden Fall sollten Sie so schnell wie möglich einen Tierarzt aufsuchen, der dann Medikamente zum Abschwellen verabreichen kann.

Sollte der Hund in den Körper gestochen worden sein, kann man die Stelle mit einer durchschnittenen Zwiebel einreiben. **(Achtung: Rohe Zwiebeln darf ein Hund auf keinen Fall fressen!)**

Achtung giftig

Einige Pflanzen sind für Hunde giftig. Die in Haus und Garten am häufigsten vorkommenden Arten sind in der folgenden Tabelle aufgeführt.

Vor allem wenn ein Welpe bei Ihnen einzieht, müssen Sie aufpassen, dass er diese Pflanzen nicht erreichen kann, er weiß nicht, dass sie giftig sind und könnte von ihnen kosten wollen. Auch Zwiebeln und Weintrauben sind für Hunde giftig, ebenso Schokolade. Bei einem kleinen Hund können 100 g Schokolade bereits zum Tod führen.

Reinigungsmittel, Benzin, Insektizide, Dünger und alle weiteren Substanzen der Haus- und Gartenpflege müssen so aufbewahrt werden, dass sie für Hunde unzugänglich sind.

Vergiftungen sind oft nur schwer zu erkennen, da sie anfangs nicht unbedingt zu sofortigen Symptomen wie Krämpfen, Erbrechen, Durchfall oder Speicheln führen. Im Fall der Fälle wenden Sie sich sofort an einen Tierarzt oder die Giftnotrufzentrale. Versuchen Sie auf keinen Fall den Hund mit alten Hausmitteln wie Öl oder Sauerkraut zum Erbrechen zu bringen, das kann im Zweifel mehr schaden als helfen.

SÜSSES GIFT!

Schokolade ist für einen Hund sehr giftig. Bei einem kleinen Hund kann eine Tafel bereits zum Tod führen.

GIFTIGE PFLANZEN

Aloe	Gummibaum
Alpenveilchen	Kaladie, Buntwurz, Buntblatt
Azalee Begonie	Klivie, Riemenblatt
Belladonna-Lilie	Kolbenfaden
Christusdorn	Korallenbäumchen
Dieffenbachie, Giftaron	Märzenbecher
Efeu, Wintergrün	Maiglöckchen
Efeutute, Buntes Herzblatt	Mistel
Eibe	Oleander
Einblatt	Osterglocke
Flamingoblume	Trompetenbaum
Flämmendes Käthchen	Tulpe
Geranien	Weihnachtsstern

GESUNDHEITSCHECKLISTE

Magendrehung

Wie bereits erwähnt sollte Ihr Hund später mindestens zwei Mahlzeiten bekommen, um der Gefahr einer Magendrehung, die vornehmlich bei sehr großen Rassen auftritt, vorzubeugen. Diese Gefahr besteht grundsätzlich auch schon im Welpenalter, weshalb Sie darum bescheid wissen sollten.

Bei einer Magendrehung dreht sich der Magen tatsächlich einmal um sich selbst und dadurch verschließen sich die Ausgänge zur Speiseröhre und dem Darm. Die Darmbakterien arbeiten allerdings weiter und produzieren Gase, die keinen Ausgang mehr finden. In der Folge bläht sich der Magen extrem auf.

EINE MAGENDREHUNG ERKENNT MAN AN FOLGENDEN SYMPTOMEN:

> der Hund zieht sich zurück und will sich nicht mehr bewegen

> der Bauchraum bläht sich ballonartig auf und wird sehr fest

> der Hund versucht sich zu erbrechen, es bleibt aber beim Würgen (der Magen ist ja verschlossen)

Stellen Sie diese Symptome fest, müssen Sie sich beeilen. Suchen Sie schnellstmöglich den **nächsten** Tierarzt auf. Wird eine Magendrehung nicht sofort behandelt, tritt nach wenigen Stunden der Tod durch Kreislaufversagen ein.

Anhand der folgenden Liste können Sie Erkrankungen Ihres Hundes unter Umständen erkennen und den Tierarzt aufsuchen.

Für Notfälle sollten Sie immer die Telefonnummer Ihres Tierarztes parat haben (zum Beispiel im Handy speichern) und an einem Urlaubsort möglichst schnell nach der Ankunft herausfinden, wo der nächste Tierarzt zu erreichen ist.

Region
Allgemeinzustand
Augen
Ohren
Nase
Maul
Fell
Haut
Gliedmaßen
Rücken
Körperteile allgemein
Verdauungsorgane
Harnorgane
Atmungsorgane
Herz-Kreislauf-System
Nervensystem

Merkmale des gesunden Tieres	Merkmale des kranken Tieres
Das Tier verhält sich unauffällig, ist munter und ausgeglichen und hat einen guten Appetit.	Das Tier ist matt und unlustig. Es liegt oder schläft viel oder wird plötzlich aggressiv. Es frisst schlecht, verweigert sogar kleine Leckerbissen und/oder trinkt auffällig viel.
Die Augen sind klar und tränen nicht. Lidbindehäute sind rosa.	Die Augen sind trüb, verklebt, tränen oder eitern sogar. Die Bindehäute sind gerötet, weiß oder gelb gefärbt.
Die Ohrmuscheln sind sauber.	Die Ohrmuscheln sind gerötet, verkrustet und/oder mit übermäßig viel Ohrenschmalz, übel riechendem Sekret oder Eiter bedeckt. Das Tier schüttelt häufig den Kopf und kratzt sich an den Ohren.
Die Nase ist sauber.	Die Nase ist verklebt oder sogar vereitert und fühlt sich sehr heiß oder trocken an.
Zahnfleisch und Mundschleimhaut sind rosa gefärbt, die Zähne weiß und frei von Belägen.	Das Zahnfleisch ist gerötet und wund, die Mundschleimhaut blass oder gelb verfärbt. Das Tier speichelt und riecht aus dem Maul. Die Zähne weisen starke Beläge bzw. Zahnstein auf.
Das Fell glänzt und liegt regelmäßig am Körper. (Rassetypische Unterschiede sind zu beachten.)	Das Fell ist stumpf und struppig. Das Tier hat vermehrten Haarausfall.
Die Haut ist glatt und nicht schuppig oder gerötet.	Die Haut ist gerötet, aufgekratzt, verkrustet oder sogar vereitert. Das Tier schleckt, kratzt oder beißt sich an bestimmten Körperregionen.
Das Tier hat weder beim Laufen und Springen noch beim Aufstehen und Hinlegen Probleme.	Das Tier lahmt, läuft oder springt nicht mehr gerne, weigert sich plötzlich, Treppen zu steigen und hat Schwierigkeiten beim Aufstehen und Hinlegen.
Das Tier steht und läuft normal und zeigt keine steife Körperhaltung oder verkrampfte Bewegungen.	Das Tier steht mit gekrümmtem Rücken und hat einen staksigen Gang.
Das Tier weist keine anormalen Merkmale an Gliedmaßen und Körper auf.	Das Tier hat Schwellungen, das Berühren bestimmter Körperteile bereitet ihm Schmerzen.
Das Tier hat eine geregelte Verdauung und zeigt keine Anzeichen von Schmerzen im Bauchbereich.	Das Tier würgt, erbricht, hat Durchfall oder Blähungen. Es hat Schwierigkeiten beim Kotabsatz und/oder setzt weniger Kot ab. Die Afterregion ist verklebt oder verschmutzt.
Das Tier hat keine Probleme beim Harnabsatz. Der Harn ist normal gefärbt.	Das Tier hat Schwierigkeiten beim Harnlassen. Der Urin wird immer wieder in kleinen Mengen oder aber in sehr großen Mengen abgesetzt. Der Urin ist blutig.
Das Tier atmet in Ruhe ruhig und gleichmäßig. Es hustet oder niest nicht.	Das Tier hustet und/oder niest oft. Die Atmung ist beschleunigt, ohne dass das Tier getobt hat. Es atmet schon nach leichter Anstrengung oder zeigt Maulatmung.
Das Tier ist (altersabhängig) bewegungsfreudig und ist nicht auffällig schnell müde.	Das Tier bewegt sich ungern, hustet häufig oder zeigt eine bläuliche Verfärbung der Zunge. Das Tier hat gelegentlich Ohnmächte oder Krampfanfälle.
Das Tier verhält sich unauffällig.	Das Tier zeigt einen schwankenden, torkelnden Gang, Krampfanfälle oder wird plötzlich aggressiv.

Kastration – Ja oder Nein?

Über kaum ein Thema wird zwischen Hundehaltern so kontrovers diskutiert, wie über die Kastration eines Hundes. Dabei wird dieses Thema meistens rein emotional und vorurteilsbeladen angegangen, ohne sich über die Vor- oder Nachteile im medizinischen oder verhaltenstherapeutischen Bereich tatsächlich im Klaren zu sein.

Oft kann man feststellen, dass Hundehaltern trotz vorgefasster Meinung nicht einmal klar ist, wo der Unterschied zwischen einer Kastration und einer Sterilisation liegt. Bei einer Kastration werden dem Tier die Keimdrüsen (also Hoden bzw. Eierstöcke) entfernt, bei der Sterilisation werden lediglich die Samen- bzw. Eileiter unterbrochen. Die Sterilisation wird in der Human-medizin als empfängnisverhütende Maßnahme durchgeführt, die Hormonproduktion und damit auch der Sexualtrieb bleiben voll erhalten. Genau diesen Sexualtrieb gilt es bei Haustieren mitunter aber zu dämpfen, daher erfolgt hier in der Regel eine Kastration, die eine weitere Hormonbildung verhindert.

Dass die Kastration unserer Hunde so widersprüchliche emotionale Reaktionen hervorruft, liegt offensichtlich daran, dass wir uns mit keinem anderen Haustier persönlich so stark identifizieren, wie mit unseren Hunden. Bei Katern, Hengsten, Böcken oder Ebern wird diese Maßnahme als selbstverständlich und notwendig angesehen, dabei reagiert ein Hund keinesfalls negativer auf solch einen Eingriff, als landwirtschaftliche Nutztiere, Katzen oder andere kleine Heimtiere.

»Das ist mein Ball!« Ein kastrierter Hund wie hier, ist durch eine Kastration nicht plötzlich aggressionslos.

Als häufiges Argument gegen eine Kastration wird immer wieder angeführt, dass die Hunde fett und faul werden.

Richtig ist, dass einige Hunde durch die veränderte Stoffwechsellage nach einer Kastration eher zum Fettansatz neigen, als nicht kastrierte Exemplare. Dies gilt zum Beispiel für ohnehin »verfressene« Rassen wie Cocker Spaniel, Beagle oder Retriever. Das ist aber die absolute Ausnahme und kann durch viel Bewegung und vernünftige Fütterung vermieden werden.

Die Fettleibigkeit ihres Hundes wird häufig von den Haltern auf eine erfolgte Kastration geschoben. Dabei bin ich davon überzeugt, dass der Hund auch ohne Kastration wahrscheinlich zu dick geworden wäre, denn der Anteil von kastrierten dicken Hunden zu nicht kastrierten dicken Hunden ist nahezu identisch. Die meisten kastrierten Hunde, die ich kenne, sind schlank und agil. Viele Halter befürchten, dass sich nach einer Kastration das Fell ihres Hundes verändert, vor allem bei Rassen mit langem und seidigem Fell (Setter, Cocker Spaniel oder Münsterländer) sich eine dichtere Unterwolle entwickelt, (so genanntes Kastratenfell). Mit regelmäßiger Gabe von Medikamenten kann dieser Tendenz zum Teil gegengesteuert werden, und mit einem Trimmkamm kann man die weiche Unterwolle von Zeit zu Zeit auskämmen.

Tatsache ist, dass das Temperament eines Lebewesens neben anderen Komponenten auch von den Geschlechtshormonen beeinflusst wird. Die männlichen Geschlechtshormone, allen voran das Testosteron, sorgen oftmals für eine höhere Aggressivität gegenüber den Geschlechtsgenossen, manchmal auch dem Menschen gegenüber. Weibliche Geschlechtshormone hingegen bedingen im Gegensatz dazu oft ein sanfteres Temperament. Werden Rüden kastriert, werden sie entgegen der landläufigen Meinung jedoch keinesfalls ruhiger und sie ändern oftmals auch nicht ihr Verhalten gegenüber anderen Hunden oder Menschen (siehe »Kastration des Rüden«, Seite 137ff).

Grundsätzlich muss man sich darüber im Klaren sein, dass die Kastration eine Operation ist, die unter Vollnarkose durchgeführt wird. Zwar können die Hunde am selben Tag in der Regel wieder nach Hause, allerdings bedeutet diese Maßnahme einen Eingriff in den Körper und ist als solcher mit (wenn auch meist geringfügigen) Leiden und Risiken verbunden. Eine Kastration sollte daher gut überlegt und nicht unnötig durchgeführt werden.

Da es große Unterschiede zwischen den Auswirkungen und den Gründen einer Kastration bei Hündinnen und Rüden gibt, beschreibe ich die jeweiligen Vor- und Nachteile getrennt. Dies geschieht aus meiner persönlichen Sicht heraus, denn wie bei anderen »Hundethemen« sind sich die Experten bei diesem Thema nicht einig.

› Kastration der Hündin

Im Allgemeinen ist eine Kastration m.E. bei einer Hündin eher zu befürworten, als bei einem Rüden. Das hat medizinische Ursachen, denn nicht kastrierte Hündinnen leiden im Alter eher an Gesäugekrebs, der sogar oft die vorzeitige Todesursache darstellt. Auch das Risiko einer Gebärmuttervereiterung (Pyometra), die ebenfalls häufig bei älteren Hündinnen auftritt, fällt bei einer Kastration weg, da die Gebärmutter routinemäßig bei der Kastration mitentfernt wird. Das Kastrieren einer Hündin schützt also vor späteren Krankheiten und sollte daher immer dann in Erwägung gezogen werden, wenn mit der Hündin nicht gezüchtet werden soll. Im Vergleich zu einer später ggf. durchzuführenden (Not-) Operation, stellt die rechtzeitige Kastration einen wesentlich schonenderen und weit weniger riskanten Eingriff dar.

Da durch die Kastration die Läufigkeit unterbunden wird, leiden kastrierte Hündinnen auch nicht an der Scheinträchtigkeit, die sonst etwa sechs bis acht Wochen nach der letzten Läufigkeit einsetzen kann.

In Amerika würden diese drei Hunde bereits im Welpenalter kastriert, was aber negativen Einfluss auf ihre soziale Kompetenz und weitere Entwicklung hätte.

Manche (und nicht wie die Vorurteile besagen, fast alle) Hündinnen können nach der Kastration eine geringe Harninkontinenz entwickeln. Das kann durch ein entsprechendes Präparat, das in Tablettenform verabreicht wird, aber sehr gut kontrolliert werden. Die Ursache dieser Inkontinenz ist nicht genau geklärt, diskutiert werden eine hormonell bedingte Bindegewebsschwäche des Beckenbodens, sowie ein zu frühzeitig vorgenommener Eingriff, bei dem die Scheide noch nicht ihre volle Länge erreicht hatte.

Und damit sind wir bei dem richtigen Zeitpunkt für eine Kastration. Die meisten Tierärzte empfehlen den Eingriff kurz nach der ersten Läufigkeit, um das Risiko einer Harninkontinenz möglichst gering zu halten. Dazu kommt, dass die Wahrscheinlichkeit, an Gesäugekrebs zu erkranken, am geringsten ist, wenn der Eingriff zu eben diesem Zeitpunkt vorgenommen wird. Natürlich kann man eine Hündin auch später noch kastrieren lassen, das Krebsrisiko ist dann aber nicht viel geringer als bei einer nicht kastrierten Hündin.

In Amerika ist es zurzeit »in«, Hunde bereits im Welpenalter zu kastrieren, also in jedem Fall vor der Geschlechtsreife. Die Begründung hierfür lautet unter anderem, dass die Hunde dauerhaft verspielt und sozial sehr verträglich mit ihren Artgenossen bleiben sollen. Letztendlich bedeutet es jedoch, dass der Hund wegen der fehlenden Pubertät nie richtig erwachsen wird. Das hat unter anderem Einfluss auf die soziale Kompetenz eines Hundes (zum Beispiel bei Begegnungen mit älteren Hunden) und erscheint mir daher nicht artgerecht.

Blindenführhündinnen werden aus diesem Grund erst nach zurückgelegter zweiter Läufigkeit kastriert.

Da könnte man einem Hund genauso gut alle Zähne ziehen, damit er niemanden durch Beißen gefährden kann. Außerdem ersetzt eine Kastration niemals eine sorgfältige und verantwortungsvolle Sozialisierung, egal, in welchem Alter sie durchgeführt wird.

Eine Kastration dient bei einer Hündin also auch zur Gesundheitsvorsorge und nicht nur zur Schwangerschaftsverhütung. Zwar kann man auch durch eine (andauernde) Hormonbehandlung die Läufigkeit einer Hündin unterdrücken, es treten aber im Alter die gleichen Probleme wie bei einer nicht kastrierten Hündin auf. Das Risiko einer Erkrankung ist zum Teil sogar noch höher, da manchmal über Jahre hinweg massiv in den Hormonhaushalt der nicht kastrierten Hündin eingegriffen wird.

Werden mehrere Hündinnen im Haushalt gehalten, und es kommt zu Rangordnungsproblemen, muss über die Kastration der tendenziell

Diese Hündin hat im Rahmen ihrer Sozialisierung auch andere Tierarten »in ihr Herz geschlossen«.

Auch Meerschweinchen (potentielle Beutetiere) können durch entsprechende Sozialisierung zu »Rudelmitgliedern« werden.

unterlegenen Hündin nachgedacht werden, wenn das Problem wie so oft nicht sogar beim Halter liegt.

Ein weit verbreiteter Aberglaube ist auch, dass eine Hündin vor der Kastration einen Wurf groß gezogen haben sollte.

Dieses Argument ist in keiner Weise nachvollziehbar, da in freier Wildbahn längst nicht alle Wölfinnen werfen, sondern nur die kräftigsten und in der Rangordnung hoch stehenden Wölfinnen. Die anderen dienen als Ammen und helfen bei der Aufzucht, was auch das Säugen beinhaltet und damit die bei unseren Hunden noch auftretende Scheinträchtigkeit erklärt. Es ist ein Relikt dieser Ammenfunktion in einem Wolfsrudel.

Eine Hündin, die eine Mutterschaft nicht kennt, kann diese also auch schwerlich vermissen, zumal dann nicht, wenn durch die Entfernung der Eierstöcke die Hormonbildung eingestellt wird. Die Kosten für die Kastration einer mittelgroßen, ca. 20 kg schweren Hündin belaufen sich auf etwa 350 €.

> Kastration des Rüden

Auch beim Rüden verhindert bzw. verringert die Kastration durch die Entfernung der Hoden, die Produktion von Geschlechtshormonen. Etwa acht Stunden nach dem Eingriff sinkt der Testosteronspiegel auf kaum noch messbare Werte. Dabei hat die Reduktion des Testosteronspiegels allerdings keinen Einfluss auf das Temperament, den Bewegungsdrang oder das Lautäußerungsverhalten, auch wenn das vielfach befürchtet oder gehofft wird.

In Einzelfällen können gesundheitliche Gründe für eine Kastration sprechen, diese sind aber im Verhältnis zu den tatsächlich vorgenommenen Kastrationen die Ausnahme.

Es ist allgemein bekannt, dass männliche Tiere bei den meisten Tierarten wesentlich aggressiver sind als weibliche, das gilt auch für den

KASTRATION KEIN ALLHEILMITTEL!

Eine Kastration hat weit weniger Konsequenzen auf das Verhalten eines Rüden, als die meisten Menschen sich dies erhoffen. Eine Kastration ersetzt nun mal nicht die richtige Sozialisation, Erziehung und verhaltensgerechte Haltung eines Hundes und ist somit kein Allheilmittel. Dominanzprobleme zwischen Halter und Hund, die im Wesentlichen auf Fehlern des Halters beruhen, oder auch das ständige Aufreiten beim Menschen, das einige Rüden im Laufe der Pubertät entwickeln, sowie Aggressionen gegenüber allen anderen Hunden, sind durch eine Kastration nicht zu beheben.

Hund. Meistens geschieht die Kastration eines Rüden daher in der Hoffnung oder sogar festen Überzeugung, sein Verhalten hierdurch positiv beeinflussen zu können. Viele Rüden wurden und werden immer noch wegen vermeintlicher Dominanzprobleme mit den Haltern oder Aggressionen gegenüber anderen Hunden kastriert.

Die Kastration bewirkt jedoch lediglich, dass sich nur direkt testosteronabhängige Verhaltensweisen ändern. Dazu gehören bei einem geschlechtsreifen Rüden das Urinieren (Markieren) im Haus, das Streunen auf der Suche nach läufigen Hündinnen, und die Unruhe, verbunden mit ständigem Jaulen, Reizbarkeit und Futterverweigerung, wenn sich in der weiteren Umgebung eine läufige Hündin befindet. Weiterhin zählen aggressives Konkurrenzverhalten und übertriebenes Imponiergehabe gegenüber anderen Rüden dazu.

Lediglich die Verhaltensweisen, die auf Geschlechtshormone zurückzuführen sind, werden durch eine Kastration beseitigt oder reduziert. Gibt es zwischen Halter und Rüde Dominanz-

Kastration kann Vor- und Nachteile mit sich bringen. Labrador Retriever: Zucht-Rüde.

probleme, oder der Rüde zeigt aggressives Verhalten gegenüber fast allen anderen Hunden, Hündinnen eingeschlossen, dann bewirkt eine Kastration meistens überhaupt nichts. Nur in Bezug auf das sexuelle Konkurrenzverhalten gegenüber anderen Rüden kann eine Kastration eine wesentliche Verbesserung in Bezug auf das Sozialverhalten bringen.

Kann, muss aber nicht, denn häufig wird man feststellen, dass eine Verhaltensänderung erst Wochen oder Monate nach der Kastration ein-

tritt, obwohl der Testosteronspiegel doch schon wenige Stunden nach dem Eingriff auf nahezu null sinkt. Das liegt zum einen an den (Lern-) Erfahrungen, die ein Rüde in seinem bisherigen Leben gemacht hat. Übertriebenes Imponiergehabe oder sogar Aggressivität haben ihm bisher ja nicht geschadet, warum sollte er damit also aufhören? Zum anderen hat nicht nur der aktuelle Testosteronspiegel Einfluss auf das Verhalten eines Rüden, sondern es ist zum Teil genetisch fixiert und hängt auch mit einem vor-

Zucht-Hündin.

geburtlichen Testosteronschub zusammen, der zu einer Maskulinisierung führt.

Entsprechende Verhaltensmuster sind daher schon bei einem Welpen zu beobachten und von der späteren Produktion von Hormonen im Hoden unabhängig. Deshalb zeigen auch Rüden, die vor der Geschlechtsreife kastriert wurden, geschlechtsspezifische Verhaltensweisen wie das Urinmarkieren oder vollständig ausgeführte Deckakte (natürlich ohne die entsprechenden Folgen). Der Zeitpunkt einer Kastration ist des-

wegen nicht so entscheidend wie bei einer Hündin, sollte aber ebenfalls auf keinen Fall vor der Geschlechtsreife durchgeführt werden.

Vielmehr muss hier eine Therapie ansetzen, die dem Halter klar macht, wie er sich seinem Hund gegenüber verhalten muss, damit die Rangordnungsverhältnisse auch für den Hund eindeutig und geklärt sind, oder der Hund lernt, wie er sich gegen über anderen Hunden zu verhalten hat.

Mein kastrierter Titus.

Trotz allem gibt es auch gute Gründe für eine Kastration. Da der Mensch aus Profitgier im Laufe der Zucht Rüden selektiert hat, die im Gegensatz zu der nur wenige Wochen im Jahr andauernden Ranzzeit der Wölfe, über das ganze Jahr deckbereit sind, haben einige einen sehr ausgeprägten Sexualtrieb. Dieser ist teilweise so extrem, dass sie fast ständig unter physischem und psychischem Stress leiden, wenn sie läufige Hündinnen in ihrer Umgebung wähnen. In diesem Fall ist aus tierschützerischen Gründen eine Kastration angezeigt.

Das Gleiche gilt für Rüden, die aus sexueller Konkurrenz heraus ein sehr aggressives Verhalten gegenüber anderen Rüden an den Tag legen. Lässt man diese Rüden ihre Aggressionen ausleben, führt das unter Umständen zu Leiden und Schäden bei anderen Hunden. Will man dies verhindern, führt das zwangsläufig zu einer so restriktiven Haltung des Hundes, das von einem art- und verhaltensgerechten Leben nicht mehr gesprochen werden kann.

Auch bei Rangordnungsproblemen zwischen zwei oder mehreren Rüden im Haushalt kann eine Kastration sehr sinnvoll sein, wenn man denn den/die richtigen kastriert. Der weniger dominante, also eher unterlegene Rüde ist zu kastrieren, damit sich die Situation stabilisieren kann. Erwischt man den falschen Rüden, werden die Auseinandersetzungen noch heftiger. Beide zu entmannen bringt auch keinen Erfolg.

Auch hier erfolgt wieder der Hinweis, dass zumeist der Halter schuld an den Auseinandersetzungen ist, so dass eine Kastration mit einer verhaltenstherapeutischen Beratung des Halters einhergehen muss.

Leider lassen sich gerade Männer oft nicht von der Notwendigkeit einer Kastration ihres Rüden (aber auch Hündin) überzeugen, sie zucken bei dem Gedanken regelrecht zusammen. Dabei sind es doch nicht sie, die ihrer Männlichkeit beraubt werden sollen, sondern nur ihr vielleicht gestresster Rüde. Das hängt wohl wieder mit dem sehr persönlichen Verhältnis zu unserem Haustier Hund zusammen. Meine Rüden sind kastriert, weil sie jeden Tag auf dem Hundeplatz den interessant riechenden Hündinnen ausgesetzt sind, ohne ihren Trieben freien Lauf lassen zu dürfen.

Zusammenfassend kann man also sagen, dass die Kastration eines Rüden zwar nicht übermäßig schadet, andererseits aber vielfach auch nichts nützt und daher keinesfalls die Antwort auf Verhaltensprobleme darstellt. Da es sich wie bei der Hündin um einen Eingriff in den Körper handelt, der auch mit Risiken verbunden ist, sollte dieser Eingriff gut überlegt sein und immer auch eine verhaltenstherapeutische Beratung in die Entscheidung mit einbezogen werden.

Im Zweifelsfall lässt sich die Wirkung einer Kastration durch die Injektion von Antiandrogenen imitieren. Diese »chemische« Kastration bewirkt innerhalb von zwei bis drei Tagen in der Regel die gleichen Verhaltensänderungen wie die chirurgische Kastration und hält mehrere Wochen an.

Die Kosten für die Kastration eines mittelgroßen, ca. 20 kg schweren Rüden belaufen sich etwa auf 150 €.

Probleme und wie man ihnen richtig begegnet

Aggression am Futternapf

Anspringen

Angstverhalten

An der Leine ziehen

Wenn der Hund nicht gerne Auto fährt

Fahrrad fahren

Häufig auftretende Probleme sind Aggressionen am Futternapf, ängstliches Verhalten oder ständiges Ziehen an der Leine. Wie kann man diese Probleme in den Griff bekommen oder gar nicht erst entstehen lassen?

Aggression am Futternapf

Kommt man in die Nähe des Futternapfes, verteidigen einige Hunde ihr Fressen gegenüber dem Besitzer, andere sind völlig gelassen und begrüßen die Besitzer schwanzwedelnd. Ist freudiges Verhalten in dieser Situation normal, oder handelt es sich um ängstliche Waschlappen und nur die knurrenden Exemplare sind willensstarke Persönlichkeiten?

Diese Frage pauschal zu beantworten ist nicht möglich. Warum der eine Hund sein Fressen verteidigt und der andere nicht, lässt sich manchmal nur schwer nachvollziehen. Meistens stimmt jedoch in der Beziehung zwischen dem Hund und dem Halter etwas nicht, wenn der Hund sein Futter verteidigt. Dem Hund fehlt es in der Regel an Vertrauen gegenüber seinem Halter.

Manche auch erfahrene Hundetrainer meinen (noch immer), dass es sich bei gezeigter Futteraggression um einen dominanten Hund handelt, der das Bestreben hat, die Führung des Rudels zu übernehmen. So ein Verhalten dürfe auf keinen Fall geduldet werden, ansonsten würde der Hund als nächstes den Besitzer nicht mehr auf die Couch oder ins Schlafzimmer lassen. Man müsse dem Hund den Futternapf sofort (schimpfend) wegnehmen, damit dieser lernt, knurren bedeutet, dass er kein Fressen bekommt. Erst wenn er nicht knurrt, darf er fressen. Diese Methode klappt meistens nicht, das Knurren wird eher noch bedrohlicher und der Hund schnappt irgendwann zu. Nach dieser Kriegserklärung des Hundes, der kurz davor ist, ein typischer Alphahund zu werden, wird dann

dazu geraten, denn Hund mittels des so genannten »Alphawurfes« auf den Rücken zu werfen und zu verharren, bis der Hund sich ergibt. Traut man sich das nicht zu, solle man mittels eines Stachelhalsbandes und eines entsprechenden Ruckes auf das Knurren des Hundes reagieren, um ihm zu zeigen, knurren tut weh und macht auch nicht satt.

Andere Trainer sind der Meinung, es sei das gute Recht eines Hundes, sein Futter zu verteidigen und man sollte die Sache auf sich beruhen lassen, sich dem Hund während des Fressens einfach nicht nähern. Schließlich zeigt der Hund an, dass ihm etwas missfällt und uns würde es nun mal auch nicht gefallen, wenn uns jemand den vollen Teller am Mittagstisch wieder wegnimmt. Beide Methoden sind für ein harmonisches Miteinander keinesfalls geeignet. Bei Wölfen ist es übrigens ganz normal, dass alle ihr Fressen verteidigen, jeder ist sich schließlich selbst am nächsten und da bilden auch die Welpen keine Ausnahme.

Zeigt der Hund bereits Futteraggressionen, verschlimmern sich diese normalerweise, wenn man ihm ständig das Fressen wegnimmt. Da ein Hund dieses Verhalten meist aus Misstrauen gegenüber seinem Besitzer zeigt, wird das vorhandene Misstrauen noch verstärkt. Der Hund verknüpft dann nur noch: »Besitzer kommt = Fressen verschwindet.« Andererseits ist die Verteidigung des Futters aber auch nicht hinnehmbar, zumal dann, wenn Kinder im Haushalt sind und diese dem Hund aus Versehen beim Fressen doch einmal zu nahekommen und in der Folge vielleicht sogar gebissen werden.

Dabei ist noch einmal wichtig zu sagen, dass so ein Verhalten bei näherer Betrachtung nicht immer Dominanzgehabe des Hundes darstellt, sondern in den meisten Fällen von Misstrauen oder sogar Angst gegenüber dem Besitzer geprägt ist. Der Hund fühlt sich durch die Nähe des Besitzers schlicht unwohl und bringt dies durch sein Knurren zum Ausdruck. In dieser Situation zu Strafen und zu Gewalt zu greifen,

Aggressionen am Futternapf müssen nicht sein.

ist kontraproduktiv, die Situation wird sich eher verschlimmern.

Sie sollten auch nicht versuchen, den Hund für jedes Knurren zu bestrafen. Zwar könnten Sie damit Erfolg haben und dem Hund das Knurren so abgewöhnen. An dem Befinden des Hundes und dem Verhältnis zu Ihnen ändert das aber nichts. Kommt der Hund in eine für ihn bedrohliche oder unangenehme Situation, wird er dies nicht mehr durch Knurren anzeigen, sondern sofort und eben ohne diese Vorwarnung zuschnappen.

Die Anschaffung eines neuen Napfes und/oder die Verlegung des Futterplatzes in einen anderen Raum bringen übrigens ebenfalls keinen Erfolg.

Ziel unserer Bemühungen muss es daher sein, dass der Hund unsere Nähe beim Fressen nicht nur toleriert, sondern sogar als angenehm empfindet.

Wenn Ihr Hund bereits Aggressionen am Futternapf zeigt, streichen Sie zunächst komplett die Fütterungen aus dem Napf. Das Fressen geben Sie Ihrem Hund ausschließlich aus der Hand und beginnen gleichzeitig, sich mehr mit ihm zu beschäftigen. Sei es durch Gehorsamsübungen oder Suchspiele, wobei Sie erfolgreiche Übungen immer wieder mit einem Futterbrocken belohnen. Der Hund soll durch die Beschäftigung und Futterbelohnung wieder mehr Vertrauen zu Ihnen fassen.

Da das Füttern aus der Hand problemlos klappen wird, gehen Sie als nächstes wieder Schritt für Schritt zur normalen Fütterung über. Dazu setzen Sie sich ins Wohnzimmer oder die Küche und geben Ihrem Hund ein paar Futterbrocken aus der Hand. Danach nehmen Sie den Futternapf auf den Schoß, legen einen Futterbrocken hinein und bieten Ihrem Hund den Napf an. Der Hund wird ohne erkennbare Verhaltensänderung den Brocken fressen und Sie fragend anschauen, ob es denn nicht noch mehr gibt. Aber klar doch. Dies ist der Punkt, wo Sie Ihr Hund vielleicht zum ersten Mal nicht als Feind sieht, der ihm das Futter wegnehmen will, sondern als Gönner. Auf diese Weise verabreichen Sie Ihrem Hund Brocken für Brocken seine gesamte Ration. Nach mehreren solchen Fütterungen stellen Sie den Napf neben sich auf den Fußboden und geben das Futter wieder Stück für Stück hinein. Im weiteren Trainingsverlauf gehen sie dazu über, das Futter in kleinen Portionen in den Napf zu füllen. Haben Sie die Übungen richtig aufgebaut, wird Ihr Hund bis hierhin kein einziges Mal Aggressionen beim Fressen gezeigt haben, obwohl er es durchaus hätte tun können. Es gab für ihn keinen Grund.

Im nächsten Schritt entfernen Sie sich vom Napf, nachdem Sie eine Portion hineingegeben haben. Ist Ihr Hund damit fertig, gehen Sie wieder zum Napf und füllen die nächste Portion ein. Wieder entfernen, wieder auffüllen, bis die Ration aufgefressen ist.

Wenn das alles problemlos klappt, sind Sie kurz davor, zur gewohnten Fütterung zurückzukommen. Sie machen aus der Futterration nur noch zwei Teile. Während der Hund die erste Hälfte frisst, gehen Sie mit einem Stück Fleischwurst zu Ihrem Hund und warten seine Reaktion ab. Ihr Hund wird Sie freudig begrüßen und die Wurst fressen, danach widmet er sich dem restlichen Futter. Diese Übung machen Sie mit der zweiten Futterhälfte gleich noch einmal. Ein paar Wiederholungen mit der Wurst während des Fressens in den folgenden Tagen, wobei Sie

dann auch wieder die volle Futtermenge in den Napf geben, und Ihr Hund wird immer erwartungsvoll zu Ihnen hinsehen, wenn Sie sich ihm beim Fressen nähern. Und das alles ohne Anzeichen von Aggression. Sie haben es geschafft, Ihrem Hund durch Ihre Anwesenheit ein gutes und angenehmes Gefühl zu vermitteln. Damit das auch so bleibt, geben Sie Ihrem Hund zwischendurch immer mal wieder ein Leckerchen während des Fressens.

Sind Sie stolzer Besitzer eines Welpen, müssen Sie Aggressionen am Futternapf vorbeugen, bevor es zu Problemen kommt. Dazu können Sie prinzipiell so wie oben beschrieben verfahren. Der vielfach gegebene Tipp, dem Welpen immer wieder den Futternapf wegzunehmen, ist hierbei nicht zu empfehlen. Es gibt Hunde, die darauf irgendwann frustriert reagieren, andere schlingen so schnell wie möglich das Fressen herunter und wieder andere werden ihr Futter verteidigen. Für den Hund soll ein sich annähernder Mensch an seinen Futternapf nicht bedeuten, dass ihm etwas weggenommen wird, sondern dass im Gegenteil vielleicht noch etwas Besseres in Form eines Leckerchens hinzukommt. Hat ein Welpe diese Erfahrung gemacht, wird er kein Problem damit haben, wenn Sie ihm doch mal den Napf vor der Nase wegziehen.

Davon abgesehen ist es nicht richtig, dass ein Hund beim Fressen absolute Ruhe braucht. Wenn Sie bereits den Welpen daran gewöhnen, dass beim Fressen ständig jemand an ihm vorbeiläuft, wird er dies auch später kaum als Bedrohung empfinden.

Zusätzlich können Sie sich beim Fressen auch immer mal wieder neben Ihren Hund setzen und dabei auch Ihre Hand in den Napf legen.

Verteidigt Ihr Hund nicht sein Fressen, knurrt aber beim Zernagen eines Knochens, wenn Sie sich ihm nähern, verfahren Sie wie oben beschrieben und locken ihn mit Leckerchen, für die er den Knochen in Ruhe lässt. Während der

Leckerchengabe den Knochen wegnehmen und als Belohnung für aggressionsfreies Verhalten dem Hund wiedergeben. Mehrfache Wiederholungen dürften das Problem beheben.

Zeigt Ihr Hund aggressives Verhalten nur bei seinem Lieblingsleckerchen, lassen Sie es einfach weg. Das Wohlbefinden Ihres Hundes oder gar sein Überleben hängen auf keinen Fall von diesem besonderen Leckerchen ab. Wollen Sie es ihm doch nicht verwehren, müssen Sie schlicht darauf achten, dass vor allem Kinder sich ihm während des Fressens nicht nähern.

Anspringen

Am besten lässt man es erst gar nicht dazu kommen. Denn bereits (erlerntes) unerwünschtes Verhalten ist im Nachhinein immer schwerer zu korrigieren als es von vornherein nicht zuzulassen.

Verhindern Sie das Anspringen konsequent, zum Beispiel indem Sie den Welpen mit einem Griff am Halsband einfach daran hindern. Falls es der Hund bereits gelernt hat, gehen Sie vor, wie später beschrieben, um es ihm wieder abzugewöhnen.

Das Anspringen eines Hundes ist eigentlich ein normales Verhalten, was für den Halter jedoch unerwünscht ist bzw. sein sollte.

Beim Anspringen versucht der Hund lediglich, uns durch Schnauzenkontakt zu begrüßen, so wie er es auch bei seinen Artgenossen tun würde.

Daneben ist das Schnauze-Lecken und -Berühren eine wichtige Beschwichtigungsgeste in der Kommunikation unserer Hunde und dient zusätzlich dazu, die Mutter zum Herauswürgen von vorverdautem Futter zu veranlassen. Dieses »Um-Futter-Betteln« bezieht sich zwar überwiegend auf die Verhaltensweise wild lebender Ca-

Anspringen ist für den Hund ein normales Verhalten. Es sollte aber von klein auf verhindert werden.

niden, ist aber als wölfisches Verhalten instinktiv auch bei unseren Welpen noch vorhanden. Bezogen auf unseren Welpen bedeutet das Anspringen also nur, dass er uns artgemäß begrüßen möchte. Um an unsere Schnauze heranzukommen, bleibt ihm daher nichts anderes übrig, als uns anzuspringen. Würden wir uns wie der Welpe auf allen Vieren fortbewegen, wäre das Anspringen sofort beendet, weil es für ihn nicht mehr nötig wäre. Da wir uns aber nun einmal auf zwei Beinen fortbewegen, sollte dem Hund beigebracht werden, uns eben nicht anzuspringen.

Die frühere Taktik, dem Hund einfach auf die Hinterläufe zu treten, ist hierfür denkbar ungeeignet, aber leider noch ziemlich weit verbreitet. Es verursacht dem Hund unnötige Schmerzen bei einem Verhalten, was ihm doch vollkommen richtig erscheint. Das kann zu einem Vertrauensverlust gegenüber dem Halter führen, mit der Folge, dass der Hund Angst bekommt und seinen Besitzer gar nicht mehr begrüßt. Außerdem kann Angst auch in Aggression umschlagen, das kann nicht Ziel unserer Bemühungen sein!

Viel besser versteht der Hund, dass er uns nicht mehr anspringen soll, wenn wir dieses Verhalten komplett ignorieren. Das Ignorieren ist eine wirksame Bestrafung für unerwünschtes Verhalten, da wir dem Hund dadurch unsere Aufmerksamkeit entziehen. Es bringt daher auch nichts, durch Kommandos wie »Aus«, »Lass das« oder durch Wegschubsen den Hund von seinem Tun abzuhalten, denn er bekommt nach wie vor unsere Aufmerksamkeit und fühlt sich durch sein Verhalten bestätigt. Erst geschubst werden und wieder anzuspringen ist außerdem ein tolles Spiel für den Hund.

Körperliche Bestrafung ist absolut tabu, der geeignete Weg ist positive Bestärkung = loben, wenn er nicht anspringt und negative Strafe = beim Anspringen ignorieren.

Wenn der Hund uns also durch Anspringen begrüßen möchte, bleiben wir einfach stehen, eventuell sogar mit dem Gesicht zur Tür oder Wand, verschränken die Arme und sehen den Hund weder an, noch sprechen wir mit ihm (negative Bestrafung).

Nach mehr oder weniger kurzer Zeit, je nachdem wie gefestigt das bisherige Verhalten schon ist, wird der Hund aufhören zu springen und verwundert auf allen Vieren stehen bleiben, weil nichts passiert. In diesem Moment bestätigen wir den Hund für das Stehen bleiben durch eine Belohnung (positive Bestärkung).

Springt der Hund sofort wieder hoch, verhalten wir uns sofort wieder so, wie oben beschrieben. Je konsequenter man sich so verhält und es auch in der Folge beibehält, desto schneller lernt der Hund, dass das Anspringen gar keinen Zweck hat. In ein paar Tagen dürfte sich das Problem dann erledigt haben. Achten Sie aber in jedem Fall darauf, dass auch Besuch sich Ihrem Hund gegenüber entsprechend verhält, damit er lernt, dass diese Regeln nicht nur bei Ihnen gelten.

Wahrscheinlich wird sich der Hund irgendwann daran erinnern, dass das Anspringen doch mal funktioniert hat und es noch einmal versuchen, vielleicht sogar unter Aufbietung aller ihm zur Verfügung stehenden Kräfte. Man spricht hierbei vom so genannten Löschungstrotz. Bleibt man jedoch in diesem Moment absolut konsequent, begreift der Hund endgültig, dass sein Verhalten keinen Zweck hat, das Verhalten wird ein für alle Mal gelöscht.

Ein Hund lernt am besten durch variable positive Bestärkung (siehe auch unter Belohnung und Bestrafung), das heißt, wenn dem Hund etwas für ihn Angenehmes mal gestattet wird und mal nicht, bestärkt man den Hund variabel, und er wird ein bestimmtes Verhalten immer wieder zeigen. Das kann unerwünschtes Verhalten sein, wie das Anspringen, oder auch das Betteln am Tisch. Andererseits kann man sich dieses Lernverhalten wunderbar bei der Ausbildung zu Nutze machen.

Wichtig ist also: Wenn der Hund etwas nicht tun soll, sollte ich es ihm nie gestatten, ansonsten wird er dieses Verhalten nie ablegen.

Angstverhalten

In der achten bis zwölften Woche macht der Welpe eine Entwicklungsphase durch, in der er vor vielen, vor allem ihm unbekannten Dingen, ängstliches Verhalten zeigt.

Es können die vielfältigsten Situationen oder Gegenstände sein, vor denen Ihr Welpe zurückweicht oder sich regelrecht erschreckt.

Der Fehler, der vielfach gemacht wird, ist den Hund in solchen Situationen zu trösten. Durch beruhigendes Streicheln und gutes Zureden bestärkt man unbewusst das ängstliche Verhalten und macht dem Hund damit klar, dass es genau richtig ist, sich so zu verhalten.

Auf Dauer bekommt man dann einen Hund, der nicht an Mülltonnen, Schubkarren, Fahrrädern oder anderen Hunden vorbeigehen kann, ohne sich ganz schrecklich zu fürchten.

Da Angst natürlich auch Stress verursacht, müssen wir also darauf bedacht sein, den Welpen mit vielfältigsten Gegenständen, Geräuschen und Situationen zu konfrontieren, ohne ihn für ängstliches Verhalten zu bestärken, damit er in der Folge gelassen mit seiner Umwelt umgehen kann.

Sollte also beispielsweise eine Mülltonne für Ihren Welpen ein unüberwindliches Hindernis darstellen, verhalten Sie sich erst einmal vollkommen neutral. Neben ängstlichem Verhalten ist ein Welpe nämlich auch ausgesprochen neugierig. Vielleicht entschließt er sich nach einigem Vorpirschen und wieder Zurückweichen von alleine, das Ungetüm doch noch zu untersuchen, um festzustellen, dass es gar nicht so gefährlich ist.

Sollte das nicht klappen, ziehen Sie den Hund nicht mit der Leine zu der Tonne. Gehen Sie erst mal alleine hin: Tonne berühren, Deckel aufmachen, ein Stück durch die Gegend ziehen und überhaupt so tun, als hätten Sie etwas Tolles entdeckt. Ihr Welpe wird sie interessiert beo-

Wird ein Welpe nicht an verschiedene Untergründe (hier: Noppen, Längs- und Querrillen) gewöhnt, kann es passieren, dass er später zum Beispiel Angst hat, auf Fliesen zu laufen.

bachten und begeistert sein, wie viel Mut Sie aufbringen, sich mit dem Ungetüm zu beschäftigen (»Oder ist das Ding gar nicht so gefährlich«?). Normalerweise wird er sich dann in Bewegung setzen, um seinerseits das Ungetüm zu untersuchen nach dem Motto: »Was Herrchen oder Frauchen kann, kann ich auch.« Für diese bestandene Mutprobe sollten Sie ihn dann natürlich loben.

Viele Welpen sind sehr geräuschempfindlich, wofür in vielen Fällen der Grundstein aber schon beim Züchter gelegt wurde. Der hat es nämlich versäumt, die Welpen schon ab dem Alter von fünf Wochen mit den verschiedensten Geräuschen zu beschallen. Jeder Züchter sollte eine oder mehrere Geräusche-CDs besitzen und immer mal wieder abspielen, damit sich die Welpen daran gewöhnen.

Hat er das nicht gemacht, ist noch nicht alles verloren, aber es wird schwieriger, geräuschempfindlichen Welpen beizubringen, dass sie nicht vor jedem unverhofften oder zu lauten Geräusch Angst haben müssen.

Viele Hunde haben Höhenangst. Mit Geduld und richtiger Motivation meistern sie wie hier auch eine (flache) Steilwand.

Dazu kauft man sich selber entsprechende Geräusche-CDs (nicht gerade Vogelgezwitscher) und spielt diese zu Hause ab. Anfangs muss die Lautstärke so gering sein, dass der Welpe die Geräusche zwar hören kann, aber nicht auf sie reagiert. Lassen Sie die CD ruhig den ganzen Tag laufen. Am nächsten Tag beginnen Sie wieder mit der Lautstärke vom vorigen Tag und wenn der Welpe nicht reagiert, drehen Sie die Lautstärke ein wenig höher. Aber nur so laut, dass der Welpe nicht reagiert. Vorsicht, wenn er reagiert, müssen sie ggf. erst mal wieder leiser werden als am Vortag. Diesen Prozess, Desensibilisierung genannt, wiederholen Sie so lange mit langsam steigender Lautstärke, bis Ihr Welpe quasi mit Geräuschen zugedröhnt werden kann, aber trotzdem gelassen bleibt.

Auch bei weniger geräuschempfindlichen, oder auch schon älteren Hunden, empfiehlt sich dieses Vorgehen, vor allem in Bezug auf Gewitter und Silvester.

Donnern und Knallen, aber auch andere Situationen, in denen sich ein Hund sehr erschreckt, können ein regelrechtes Trauma auslösen, das manchmal gar nicht mehr behoben werden kann. Bereiten Sie Ihren Hund also möglichst behutsam auf solche Situationen vor.

Eine weitere Entwicklungsphase, in der ein Hund plötzlich ängstliches Verhalten zeigt, ist die Pubertät. Da hat er unerklärlicherweise Angst vor Situationen oder Gegenständen, in denen er bisher völlig gelassen blieb. Verhalten Sie sich in dieser Phase genauso wie damals bei Ihrem Welpen.

Obwohl als Welpe schon mit Pferden vertraut gemacht, kann sich ein Hund in der Pubertätsphase plötzlich ängstlich beim Anblick eines Pferdes zeigen.

Unterstützend zu aktiven Therapiemaßnahmen bei Angstverhalten, können Pheromone eingesetzt werden, die über einen solchen Behälter in der Steckdose in die Luft abgegeben werden.

Grundsätzlich ist zu bedenken, dass auch ein erwachsener Hund, verglichen mit dem Menschen, in etwa auf der Entwicklungsstufe eines zehnjährigen Kindes steht, das heißt, er wird niemals erwachsen in dem Sinne, wie wir es kennen. Sie als Halter fungieren daher sein ganzes Leben lang als Eltern und das bedeutet, dass Ihr Hund sie auch als Beschützer betrachtet. Sie sollten deswegen Ihren Hund zwar nicht ständig auf dem Arm herumtragen, um ihn vor sämtlichen vermeintlichen Gefahren dieser Welt zu beschützen. Kommt aber zum Beispiel eine Meute fremder Hunde beim Spaziergang auf Ihren Welpen zugestürzt, ist auch das ausnahmsweise mal erlaubt. Ihr Welpe erwartet eben auch Schutz von Ihnen, genauso wie es Kinder von Ihren Eltern erwarten. Es fällt einem vielleicht schwer, sich das vorzustellen, aber die belächelte ältere Dame mit ihrem Rehpinscher Susi hat mit ihrem »Komm zu Mutti, Susi« eigentlich völlig recht.

Unterstützend zu den aktiven Maßnahmen bei ängstlichem Verhalten, können Sie den Hund auch mit Pheromonen therapieren (D.A.P. = Dog Appeasing Pheromone). Pheromone sind Duftstoffe, die das Muttertier ausströmt und daher jedem Hund wohl bekannt sind. Sie vermitteln dem Welpen Sicherheit und Geborgenheit, ein erwachsener Hund erinnert sich an diese Gerüche. Pheromone werden aus einem Behälter, der in eine Steckdose gesteckt wird, an die Raumluft abgegeben oder mittels eines Sprays verabreicht. Mit dem Spray benetzt man z.B. den Liegeplatz oder für unterwegs ein Halstuch, welches dem Hund umgelegt wird. In Deutschland ist dieser Stecker nur beim Tierarzt erhältlich.

An der Leine ziehen

Ständiges und heftiges Gezerre unserer Vierbeiner an der Leine ist ein sehr weit verbreitetes Bild, das vielen Hundebesitzern zum Teil enorme Probleme bereitet. Ein mit den Krallen über den Asphalt scharrender Dackel ist zwar kein schöner Anblick, kann aber erheblich besser vom Halter ertragen werden, als ein Schäferhund oder Labrador, der sich kräftig »ins Zeug« legt. Besitzer großer Rassen klagen regelmäßig über Schmerzen in den Armen oder der Schulter, insbesondere die weiblichen Hundeführer, die naturgemäß über etwas weniger Kraft verfügen als ihre männlichen Leidensgenossen.

Auch dieses Problem ist allerdings hausgemacht. Der Hund zieht an der Leine, weil es funktioniert. Wenn man Halter beobachtet, sieht man in der Regel, dass das Ziehen nicht unterbunden wird. Es geht so lange vorwärts, wie der Hund zieht und der Halter ist froh um die kleine Pause die entsteht, wenn der Hund am Wegesrand etwas Wichtiges erschnüffelt. Ist er damit fertig (der Halter hat netterweise gewartet), wird weiter vorwärts gezogen, der Halter stolpert hinterher. So lernt der Hund, dass er nur ordentlich ziehen muss, um in die von ihm gewünschte Richtung zu gelangen. Für den Halter nervtötend, für den Hund aber durchaus logisch und konsequent. An solch unerwünschtem Verhalten ist allein der Besitzer schuld. Lassen Sie es also gar nicht erst so weit kommen, sondern bringen Ihrem Hund bei, dass ein Ziehen an der Leine eben nicht funktioniert. Benutzen Sie dazu auf keinen Fall ein Stachelhalsband, das ist nach Tierschutzgesetz verboten. Es hilft vielleicht anfangs, bereitet dem Hund aber unnötige Schmerzen. Nach gewisser Zeit gewöhnt sich der Hund an den Schmerz und fängt wieder mehr an zu ziehen, bis Sie wieder ganz am Anfang stehen. Die Spezialisten unter den Hundehaltern bedienen sich dann einer Feile und machen die Stacheln halt noch spitzer,

die anderen suchen (hoffentlich) einen anderen Weg oder ergeben sich ihrem Schicksal.

Ein anderer, wenn auch genauso falscher Weg, ist jedes Mal an der Leine zu rucken, wenn der Hund zieht. Entweder wird nicht stark genug geruckt und der Hund gewöhnt sich auch an diese Prozedur, oder es wird so heftig geruckt, dass der Hund Schmerzen erleidet. Aus tierschutzrechtlichen Gründen sollte dies aber vermieden werden. Untersuchungen haben übrigens ergeben, dass weit über 80 % der Hunde, die mit Leinenruck ausgebildet werden, später an Hals- und/oder Rückenwirbelproblemen leiden.

Beim Stachelhalsband und dem Leinenruck kommt ein weiteres Problem hinzu. Wir wissen nicht, mit was der Hund den empfundenen Schmerz im Moment des Ziehens verknüpft.

Wollen Sie Ihren Hund mittels Leinenruck davon abhalten, zu einem anderen Hund zu ziehen, kann es sein, dass er den empfundenen Schmerz mit dem anderen Hund in Verbindung bringt.

Bei der nächsten Begegnung mit diesem oder auch anderen Hunden reagiert Ihr Hund dann plötzlich aggressiv.

Oben beschriebene Methoden können bei einem eigentlich banalen Problem wie dem an der Leine ziehen also sehr schnell zu ganz anderen Schwierigkeiten führen, deshalb üben Sie mit Ihrem Hund so, dass er auch versteht, worum es geht.

Am besten üben Sie natürlich bereits mit dem Welpen, dass Sie ein Ziehen an der Leine nicht tolerieren werden. Dazu bleiben Sie immer sofort stehen, wenn die Leine straff ist. Sagen Sie nichts, warten Sie nur ab. Nach kurzer Zeit wird Ihr Welpe sich zu Ihnen umdrehen, um zu sehen, warum es nicht weitergeht. In diesem Moment sagen Sie »Fein« und gehen weiter. Stürmt der Welpe wieder nach vorne und strafft sich die Leine, bleiben Sie sofort wieder stehen und warten, bis er die Leine von sich aus wieder lockert. »Fein« und weitergehen.

In dem Moment, in dem der Hund an der Leine zieht ...

... umdrehen und in die entgegengesetzte Richtung weitergehen.

Schließt der Hund auf ...

... und ist danach sogar aufmerksam wie hier: Loben!

Eine weitere Möglichkeit ist, sich kurz bevor die Leine stramm ist, umzudrehen und in die entgegen gesetzte Richtung zurückzugehen. Dazu machen Sie sich vorher aber fairer weise zum Beispiel durch ein »Oh, Oh« aufmerksam. Natürlich wird Ihr Hund Sie sofort von hinten überholen und wieder in die Leine rennen. Wieder umdrehen oder stehen bleiben.

Das klingt sehr aufwendig und das ist es auch. Ziehen Sie diese Übungen aber konsequent durch, lernt Ihr Hund schnell, dass es nur ohne Ziehen vorwärts geht. Das Stichwort ist dabei: konsequent! Sie und alle anderen, die den Hund an der Leine führen, müssen wirklich jedes Mal stehen bleiben oder auch umdrehen. Anderenfalls stellt sich kein Lernerfolg ein. Der Hund muss einfach lernen, dass Sie es sind, die sowohl Richtung als auch Tempo eines Spazierganges bestimmen.

Falls Sie zwischendurch nicht konsequent sein können oder wollen, legen Sie Ihrem Hund statt eines Halsbandes ein Brustgeschirr um. Hiermit darf er dann ziehen, den Unterschied zwischen einem Brustgeschirr und einem Halsband begreift Ihr Hund schnell. Das sollte aber immer nur die Notlösung sein, dabei ist es übrigens egal, ob ein Hund am Halsband nicht ziehen darf, dafür aber am Brustgeschirr oder umgekehrt. Hauptsache er lernt, bei der einen oder anderen Variante eben nicht zu ziehen, es funktioniert einfach nicht.

In diesem Zusammenhang sind die so genannten Flexleinen übrigens kontraproduktiv, da der Hund permanent einen Widerstand spürt, er zieht also jedes Mal automatisch, wenn er sich von Ihnen fortbewegt. Mit einer Flexleine ist es daher nahezu unmöglich, einem Hund das Ziehen abzugewöhnen oder es gar nicht soweit kommen zu lassen.

Hat ein Hund das Prinzip des Nichtziehens begriffen, steht dem Einsatz einer Flexleine jedoch nichts entgegen. Nur zum dauernden Einsatz halte ich sie für ungeeignet, da sie auch Risiken in der Handhabung bergen.

Wenn der Hund nicht gerne Auto fährt

Dieses Phänomen tritt leider häufiger auf, meistens hat der Hund auf seiner ersten Autofahrt unangenehme Erfahrungen damit verknüpft. Welche das genau sind, lässt sich oft nicht mehr nachvollziehen, es ist aber möglich, dem Hund das Autofahren wieder angenehm zu machen. Dazu müssen Sie dem Hund den Stress nehmen, der sich durch starkes Hecheln und Speicheln und/oder Erbrechen zum Ausdruck kommt.

Gewöhnen Sie den Hund wieder ganz langsam ans Auto und lassen ihn nur positive Erfahrungen damit machen. Zuerst setzen Sie sich zusammen mit dem Hund ins Auto und spielen dort mit ihm, die Türen sind alle geöffnet. Sie können ihm auch besondere Leckerchen geben. Nach kurzer Zeit verlassen Sie das Auto wieder mit dem Hund und machen etwas anderes. Diese Übung wiederholen Sie so lange (ggf. über mehrere Tage), bis Sie eine Änderung im Verhalten des Hundes feststellen können, nämlich, dass er deutlich freudiger ins Auto geht.

Im nächsten Schritt schließen Sie dann einmal alle Türen, starten den Wagen, fahren aber nicht los. Nach ein paar Wiederholungen fahren Sie nun ein paar Meter (vielleicht Ihre Einfahrt auf und ab), steigen aus und beschäftigen den Hund anderweitig.

Auch diese Übung wiederholen Sie so lange, bis Ihr Hund keine Anzeichen von Stress mehr zeigt. Wenn es soweit ist, fahren Sie dann wenige hundert Meter und machen sofort einen Spaziergang mit dem Hund. Das ist zwar aus ökologischer Sicht Unfug, aber Sie haben ja ein wichtiges Ziel vor Augen. Wenn das alles gut klappt, können Sie die Entfernungen Stück für Stück erweitern.

Wichtig ist, dass Sie bedächtig und geduldig vorgehen und in der ersten Zeit möglichst keine Autofahrten mit dem Hund unternehmen. Je mehr stressfreie und positive Erfahrungen der

Setzen Sie Ihren Hund ins Auto (alle Türen geöffnet) und geben Sie ihm ein paar Leckerchen.

Setzen Sie sich zu ihm und kuscheln ein wenig.

Spielen Sie mit Ihrem Hund im Auto.

Geben Sie Ihrem Hund seine Mahlzeiten im Auto.

Hund zu Beginn und im Verlauf der »Therapie« machen kann, desto besser.

Vielen Hunden helfen auch die »Rescue-Tropfen«, eine Mischung aus verschiedenen Bachblüten, die dem Hund vor Antritt der Fahrt verabreicht werden. Fragen Sie dazu Ihren Tierarzt.

Fahrrad fahren

Ein Problem stellt Fahrrad fahren dar, wenn zu früh damit begonnen wird oder der Hund noch nicht gelernt hat, an lockerer Leine zu laufen. Längere Radtouren sind bis zu einem Alter von einem Jahr wegen der körperlichen Belastung nicht zu unternehmen. Ab einem halben Jahr kann der Hund allerdings ohne weiteres schon an das Laufen am Fahrrad gewöhnt werden, solange keine längeren Strecken gefahren werden. Anfangs sollten es nur wenige hundert Meter sein, nach und nach kann die Entfernung gesteigert werden, bis auf max. ein bis zwei Kilometer, bis der Hund dann einjährig ist.

Führen Sie Ihren Hund immer auf der dem Verkehr abgewandten Seite, also rechts vom Fahrrad. Gegebenenfalls muss das Fahrrad entsprechend umgerüstet werden (zum Beispiel Bremsen).

Grundsätzlich muss der Hund für das sichere Laufen am Fahrrad schon gelernt haben, an locker durchhängender Leine – auch unter Ablenkung – zu laufen, um Unfälle durch plötzliches Losrennen oder permanentes Ziehen zu vermeiden.

Um den Hund an das Laufen am Fahrrad zu gewöhnen, gehen Sie schrittweise vor. Zuerst schieben Sie Ihr Fahrrad auf Ihrer linken Seite und führen Ihren Hund an der Leine rechts von Ihnen. Sie befinden sich also zwischen Fahrrad und Hund. Wenn das gut klappt, schieben Sie das Fahrrad auf Ihrer rechten Seite und führen auch den Hund rechts. Das Fahrrad befindet sich nun zwischen Ihnen und Ihrem Hund. Erst wenn diese Konstellation reibungslos funktioniert, können Sie langsam losfahren.

Da die meisten Hundeführer ihren Hund auf der linken Seite »Fuß« führen, ist es angebracht auch beim normalen Gehen den Hund immer mal wieder auf der rechten Seite (zum Beispiel mit Kommando »Hand«) zu führen. Das erleichtert später das Führen des Hundes am Fahrrad.

Schlusswort

Wenn Sie alle Tipps dieses Buches beachten, steht Ihnen eine unbeschwerte Zeit mit Ihrem Vierbeiner bevor. Ich wünsche Ihnen viel Freude und gewinnbringende Erfahrungen, die Sie sicherlich mit Ihrem treuen Gefährten erleben werden.

Danksagung

Danke sage ich allen, die mich bei der Erstellung dieses Buches unterstützt haben und mich durch Ihre Anregungen und Hinweise die Inhalte immer wieder haben überdenken lassen. Dies sind insbesondere Brigitte, Peter, Helga und Frank.

Vielen Dank auch an die vielen Leute, die sich oder ihre Hunde als Foto-Modell zur Verfügung gestellt haben, sowie an Rosemarie Wild, Yvonne Jaussi und Maya Aeby für ihre Fotos.

Natürlich gilt mein Dank auch den vielen Kunden mit ihren Fragen und Problemen, ohne die sich dieses Buch erübrigt hätte.

Besonderer Dank gebührt meiner Frau Katja und meinen Hunden Titus und Cooper, die ich während der Schreiberei etwas vernachlässigt habe. Ab sofort gelobe ich Besserung.

Zuletzt danke ich dem Müller Rüschlikon Verlag, der es für Wert erachtete, die Inhalte dieses Buches zu veröffentlichen.

Wichtige Adressen

Verband für das Deutsche Hundewesen e.V. (VDH)
Westfalendamm 174
D-44141 Dortmund
Tel.: +49 (0)231 565000
Fax: +49 (0)231 592440
E-mail: Info@vdh.de
Internet: www.vdh.de

Schweizerische Kynologische Gesellschaft (SKG)
Brunnenmattstr. 24
Ch-3001 Bern
Tel.: +41 (0)31 3066262
Fax: +41 (0)31 3066260
E-mail: info@skg.ch
Internet: www.skg.ch

Österreichischer Kynologenverband (ÖKV)
Siegfried Marcus-Str. 7
A-2362 Biedermannsdorf
Tel.: 02236/710667
Fax.: 02236/710667-30
E-mail: Office@oekv.at
Internet: www.oekv.at